农药安全
使用新技术

韩志乾　侯瑞林　主编

U0306563

中国农业科学技术出版社

图书在版编目(CIP)数据

农药安全使用新技术 / 韩志乾,侯瑞林主编. — 北京:中国农业科学技术出版社,2014.7
  ISBN 978-7-5116-1719-4

  Ⅰ.①农… Ⅱ.①韩… ②侯… Ⅲ.①农药施用—安全技术 Ⅳ.①S48

中国版本图书馆 CIP 数据核字(2014)第 138244 号

责任编辑　崔改泵　褚怡
责任校对　贾晓红

出 版 者　中国农业科学技术出版社
　　　　　北京市中关村南大街 12 号　邮编:100081
电　　话　(010)82106624(发行部) (010)82109194(编辑室)
传　　真　(010)82106624
网　　址　http://www.castp.cn
经 销 者　各地新华书店
印 刷 者　北京富泰印刷有限责任公司
开　　本　850mm×1 168mm　1/32
印　　张　4.875
字　　数　114 千字
版　　次　2014 年 7 月第 1 版　2015 年 8 月第 4 次印刷
定　　价　21.80 元

《农药安全使用新技术》
编委会

主　编　韩志乾　侯瑞林
副主编　梁建荣　王晓琴
　　　　朱富春　朱晓红

目　录

第一章 农作物病虫害专业化防治的概述

农作物病虫害专业化防治,是指具备一定植保专业技术条件的服务组织,采用先进、实用的设备和技术,为农民提供契约性的防治服务,开展社会化、规模化的农作物病虫害防控行动。

第一节 开展农作物病虫害专业化防治的意义

一、促进现代农业发展的客观需要

随着我国农业、农村经济的迅速发展,农业集约化水平和组织化程度的不断提高,土地承包经营权的有序流转,规模化种植、集约化经营,已成为农业、农村经济发展的方向,迫切需要建立健全新型社会化服务体系。病虫害专业化防治较好地解决了因农村劳动力大量转移,农业生产者老龄化和女性化突出的问题,防治病虫害日趋困难等方面的难题,是新型社会化服务体系的重要组成部分,有效地促进了规模化经营,促进了现代农业的发展。

二、确保农业生产安全的客观需要

农作物病虫发生具有"漏治一点,危害一片"的特点。实践证明,集中统一防治的效果明显高于分散防治。近年来,水稻"两迁"害虫、小麦条锈病、蝗虫、草地螟等重大病虫的发生范围扩大、为害程度加重,严重威胁着我国农业生产安全,仅仅依靠手动喷雾器单户分散防治,已不能控制病虫为害。只有发展专业化防治,推行区域统一、快速、高效、准确地联防联控和防治,才能提高防控效果、效率和效益,最大限度地减少病虫为害的损失,保障农业生产安全。

三、确保农产品质量安全的客观需要

由于我国目前农业生产仍以分散经营为主,大多数农民缺乏病虫防治的相关知识,不懂农药使用技术,施药观念落后,仍习惯大容量、针对性的喷雾方法,农药利用率低,农药飘移和流失严重,盲目、过量用药现象较为普遍。这不仅加重农田生态环境的污染,而且常导致农产品农药残留超标等事件。推进专业化防治,可以实现安全、科学、合理使用农药,提高农药利用率、减少农药使用量,是从生产环节上入手,降低农药残留污染,保障生态环境安全和农产品质量安全的重要措施。同时,通过组织专业化防治,普遍使用大包装农药,减少了包装废弃物对环境的污染。

四、落实植保理念的客观需要

根据现代农业发展对植保工作的需要,针对当前农业生物灾害发生的严峻形势,农业部研究提出了近期植保工作的开展思路:就是以科学发展观为指导,坚持"预防为主、综合防治"的植保方针,牢固树立"公共植保和绿色植保"的理念,完善"政府主导、属地责任、联防联控"三大机制,强化"项目投入、体系建设、法制建设"三大基础,分作物、分病虫、分阶段、分区域地打赢"区域性重大病虫歼灭战、局部性重大病虫突击战和重大疫情阻截战"三大战役,实现"保障农业生产安全、农产品质量安全和农

业生态安全"三大目标。专业化防治是所有这些工作的着力点，是植保技术集成、推广、应用的具体体现，是贯彻植保方针、落实植保理念的重要抓手，是完善植保三大机制的落脚点，是强化植保三大基础的重要载体，是打赢三大战役、确保三大安全的重要手段。

五、实现可持续发展的客观需要

病虫害专业化防治组织的出现，改变了我们面对千家万户农民开展培训的困局，可以大大降低培训面，增强培训效果，解决农技推广的"最后一公里"问题。并通过他们提供的大面积防治服务，实现科学防治，可以迅速地将新技术推广普及开来。通过组织专业化承包防治，可以从规模和措施上统筹考虑，为了降低防治成本，而促使专业化防治组织开展规模化的农业防治、物理防治和生物防治等综合防治措施。同时，这一组织形式也为统一采取综合防治措施提供了可能和强有力的保障，真正实行绿色防控，实现可持续发展。

第二节　专业化防治组织应具备的条件

一、开展专业化防治的指导思想与目标任务

（一）指导思想

以科学发展观为指导，以贯彻落实"预防为主、综合防治"的植保方针和"公共植保、绿色植保"的植保理念为宗旨，按照政府支持、市场运作、农民自愿、循序渐进的原则，以提高防效、降低成本、减少用药、保障生产为目标，以集约项目、整合力量、优化技术、创新服务、规范管理为突破口，大力发展农作物病虫害专

业化服务组织,不断拓宽服务领域和服务范围,努力提升病虫防治的质量和水平,全面提升重大病虫害防控能力。

（二）目标任务

2010 年全面实施农作物病虫害专业化防治"百千万行动",创建 100 个专业化防治示范县,每个县实施全程承包防治 5 万亩(15 亩＝1 公顷。全书同)以上,力争 3 年内实现主要作物重大病虫害专业化防治全覆盖;在 1 000 个县建立专业化防治示范区,2011 年每个县示范面积 1 万亩以上,力争 3 年内主要作物重大病虫害专业化防治覆盖率达到 30％;全国扶持发展 1 万个规范化的专业化防治示范组织。通过实施专业化防治"百千万行动",辐射带动全国主要农作物病虫害专业化防治覆盖率提高 3～5 个百分点。进一步提升农作物重大病虫灾害防控能力,实现农药减量控害和农产品安全目标。到 2010 年,农业部认定的标准果园、菜园、茶园,以及种植业产品的出口基地要 100％实现专业化防治;公共地带的重大病虫以及飞蝗的应急防治要 100％实现专业化防治;到 2020 年,农作物重大病虫害专业化防治的覆盖率要达到 50％。

（三）工作原则

开展病虫害专业化防治应遵循政府支持、农民自愿、循序渐进和市场运作的原则。

1. 推进全程承包防治

按照"降低成本、提高防效、保障安全"的目标,优先支持对作物整个生长季进行的全程承包防治,强化技物配套服务,推进农药"统购、统供、统配和统施"。充分发挥专业化防治组织的服务主体地位,扶持、引导服务组织增强造血功能,走自主经营、自

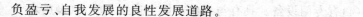

负盈亏、自我发展的良性发展道路。

2. 扶持规范化防治组织

按照"服务组织注册登记,服务人员持证上岗,服务方式合同承包,服务内容档案记录,服务质量全程监管"的要求,扶持、规范专业化防治组织发展,培养一批用得上、拉得出、打得赢的专业化防治队伍。

3. 开展规模化防控作业

每个项目县建立防治示范区,每个示范区重点扶持一批专业化防治示范组织,鼓励专业化防治组织开展连片的防治作业服务,每个防治组织日作业能力应在 300 亩以上。通过示范县和示范区带动,逐步扩大专业化防治规模。

通过相关支持项目和农业植保部门加强指导,鼓励专业化服务组织配备先进防治设备,接受专业技术培训。优化并配套应用生物防治、生态控制、物理防治和安全用药等措施,建立综合防控示范区,大力推广先进实用的绿色防控技术,降低农药使用风险,提高防控效果,保障农业生产安全和农产品质量安全。

二、建立专业化防治组织

(一)各级农业部门重点扶持专业化防治组织应具备的条件

(1)有法人资格。经工商或民政部门注册登记,并在县级以上农业植保机构备案。

(2)有固定场所。具有固定的办公、技术咨询场所和符合安全要求的物资储存条件。

(3)有专业人员。具有 10 名以上经过植保专业技术培训合格的防治队员。其中,获得国家植保员资格或初级职称资格的专业技术人员不少于 1 名。防治队员持证上岗。

（4）有专门设备。具有与日作业能力达到 300 亩（设施农业 100 亩）以上相匹配的先进实用设备。

（5）有管理制度。具有开展专业化防治的服务协议、作业档案及员工管理等制度。

（二）组织形式

各地专业化防治组织形式主要有以下 7 种。

一是专业合作社和协会。按照农民专业合作社的要求，把大量分散的机手组织起来，形成一个有法人资格的经济实体，专门从事专业化防治服务。或由种植业、农机等专业合作社，以及一些协会，组建专业化防治队伍，拓展服务内容，提供病虫害专业化防治服务。

二是企业。成立股份公司把专业化防治服务作为公司的核心业务，从技术指导、药剂配送、机手培训与管理、防效检查、财务管理等方面实现公司化的规范运作。或由农药经营企业购置机动喷雾机，组建专业化防治队，不仅为农户提供农药销售服务，同时还开展病虫害专业化防治服务。

三是大户主导型。主要由种植大户、科技示范户或农技人员等"能人"创办专业化防治队，在进行自身田块防治的同时，为周围农民开展专业化防治服务。

四是村级组织型。以村委会等基层组织为主体，或组织村里零散机手，或统一购置机动药械、统一购置农药，在本村开展病虫统一防治。

五是农场、示范基地、出口基地自有型。一些农场或农产品加工企业，为提高农产品的质量，越来越重视病虫害的防治和农产品农药残留问题，纷纷组建自己的专业化防治队，在本企业生产基地开展专业防治服务。

六是互助型。在自愿互利的基础上，按照双向选择的原则，拥有防治机械的机手与农民建立服务关系,自发地组织在一起,在病虫防治时期开展互助防治,主要是进行代治服务。

七是应急防治型。这种类型主要是应对大范围发生的迁飞性、流行性重大病虫害,由县级植保站组建的应急专业防治队,主要开展对公共地带的公益性防治服务,在保障农业生产安全方面发挥着重要作用。

第三节　专业化防治组织的服务方式

一、服务方式的种类

开展农作物病虫害专业化防治的服务方式主要有以下3种。

一是代防代治。专业化防治组织为服务对象施药防治病虫害,收取施药服务费,一般每亩(1 亩≈667 平方米。全书同)收取 4～6 元。农药由服务对象自行购买或由机手统一提供。这种服务方式,专业化防治组织和服务对象之间一般无固定的服务关系。

二是阶段承包。专业化防治组织与服务对象签订服务合同,承包部分或一定时段内的病虫害防治任务。

三是全程承包。专业化防治组织根据合同约定,承包作物生长季节所有病虫害的防治。

全程承包与阶段承包具有共同的特点:即专业化防治组织在县植保部门的指导下,根据病虫发生情况,确定防治对象、用药品种、用药时间,统一购药、统一配药、统一时间集中施药,防治结束后可由县植保部门监督进行防效评估。

二、服务方式的分析

（一）代防代治

优势：简单易行，不需要组织管理，收费容易，不易产生纠纷。

不足：仅能解决劳动力缺乏的问题，无法确保实现安全、科学、合理用药，谈不上提高防治效果和防治效益及降低防治成本；机手盈利不足，服务愿望不强；不便于植保技术部门开展培训、指导和管理。

困境：由于现有的植保机械还是半机械化产品为主，要靠人背负或手工辅助作业，机械化程度和工效低，作业辛苦，劳动强度大；作业规模小，收费低，收益不高，难以满足通过购买机动喷雾机，为他人提供服务而赚取费用的需求。如背负式机动喷雾机一天最多只能防治 30 亩，收入 150 元，扣除燃油、折旧等，纯利也就是 100 元左右，与一般体力劳动工钱差不多，还要冒农药中毒危险，从利益上看没有吸引力。现有的植保机械技术含量不高，作业质量受施药人员水平影响大。

解决途径：在消化吸收国外先进机型的基础上，开发出适合我国种植特点的大中型高效、对靶性强、农药利用率高的植保机械。提高植保机械的机械化水平，提高防治效率，实现防治规模化效益；提高机器本身的技术含量，从技术装备上提高施药水平，避免人为操作因素对施药质量的影响。

（二）承包防治

优势：可提高防治效果，降低病虫为害损失；提高防治效率，降低防治用工；提高防治效益，降低防治成本；使用大包装农药，减少农药包装废弃物对环境的污染，同时有利于净化农药市场；为了降低用药成本,而加速其他综合防治措施的应用,同时强有力的组织形式也为统一采取综合防治措施提供了保障;有利于植保技术部门集中开展培训、指导和管理,加速新技术的推广应用。

不足:组织管理较为费事,收费较为困难,容易产生纠纷;专业化防治组织效益低、风险大;机手流动性较大,增加了培训难度。

困境:由于收取的费用不能比农民自己防治的成本高很多,防治用工费全部要支付给机手,专业化防治组织如何在不增加农民负担的情况下,找到自身的盈利模式成为能否健康发展的关键。现在运行较好的专业化防治组织,主要靠农药的销售和包装差价盈利。专业化防治组织是根据往年的平均防治次数收取承包防治费的,当有突发病虫或某种病虫暴发为害需增加防治次数时,当作物后期遭受自然灾害时,承受的风险很大,在没有相应政策扶持下,很多企业望而却步。

解决途径:出台补贴政策,鼓励农民参与专业化防治,促进专业化防治组织健康发展;补贴专业化防治组织开展管理和培训费用;建立突发、暴发病虫害防治补贴基金,用于补贴因增加防治次数而增加的成本;设立保险资金,建立保险制度,规避风险;逐步拓展服务领域,增加收入来源。

第四节　专业化防治组织的发展方向

农作物病虫害专业化统防统治,不仅仅是技术层面的问题,更是一个组织形式的创新,也是"三农"工作的一项重大措施。"三农"工作出现了很多新的情况和问题,但最突出的一大矛盾就是农村的青壮年和高素质劳动力的大量转移。同时,我国农业连续八年增产,对农产品产量的要求越来越高,对质量的要求越来越高,对安全的要求越来越高,对环境的要求越来越高。这个矛盾怎么解决?必须从组织形式,从创新改革的层面来完善"三位一体"模式。

所谓的"三位一体",就是农业连锁经营、病虫害统防统治相结合,推广和使用生物农药以及高效、低毒、低残留农药。治理农业面源污染,确保农产品质量安全,这两项工作都很难,难就难在传统的、分散的农药营销方式难管;难就难在一家一户分散经营,加上青壮年都出去打工了,很难教会农民认识那么多病虫。解决这些难题就必须从组织层面来创新,在营销方式上必须大力推进连锁经营,在植保上面推广统防统治。

"三位一体"是把这两个现代形式相结合,使之相辅相成,相互补充,相互促进,既可以构建一个净化农药市场、防止假冒伪劣农药进入的防护墙,又能明显促进统防统治工作。"三位一体"试点的效果很好,突出了五大优势:可以原则上控制高毒农药的使用,可以有效降低农业生产成本,可以成为农业生产新的增长点,可以探索农技推广体系改革的新模式,还可以减少环境污染。

积极推广完善"三位一体"的组织形式,第一要加大宣传力度,要利用各种会议、媒体等形式进行宣传,要向领导宣传,也要向农民宣传。第二要进一步明确思路,必须坚持政府引导,政策支持,市场运作,规范管理。政府主要是做引导,在政策上支持,不能包办一切,要引入市场机制,要引入适度的竞争。第三要总结完善我们的统防统治工作,推进"三位一体",要建立标准化作业规范,要加大对机防队员的培训,要与农业保险相结合。第四是基层植保队伍一定要懂技术、懂业务,不能侵犯农民的利益。村级的服务组织不能都让村主任、会计来干,村干部是负责组织、发动、协调工作的。此外,要重视药剂的开发和政策的研究,同时还要加强试点、示范。

农业部种植业管理司司长叶贞琴:发展专业化统防统治,符合现代农业的发展方向,是解决农民防病治虫难题、提高防治效果、减少农药污染的有效途径,也是转变植保防灾减灾方式、提升植保水平和能力的重要抓手,更是保障农业生产安全、农产品质量安全和农业生态安全的战略举措。要坚定不移地大规模开展这一活动。

经各方努力,专业化统防统治呈现出良好发展局面:一是防治组织快速发展。全国在工商部门注册的专业化防治组织达到了1.5万个,大型植保机械120万台套,从业人员100万人,日作业能力达3 000万亩。二是防治面积迅速扩大。2013年,全国实施统防统治的面积达6.5亿亩次,其中,水稻、小麦粮食作物的统防统治覆盖率达15%左右。三是服务模式不断完善。服务形式由过去单一的代防代治,逐步向阶段承包和全程承包发展。四是防治作用日益凸显。各地实践证明,专业化统防统治作业效率可提高5倍以上,每亩水稻可增产50千克以上,小麦可增产30千克以上,减少农药用量20%以上,亩均节本增收100~200元。减损就是增产,发展专业化统防统治是进一步提升粮食产量水平的重要措施。

农业生产形势十分复杂,春季北方小麦产区遇到持续低温,入夏以后长江流域稻区又面临大旱、旱涝急转等异常的气候条件,对一些病虫害的发生十分有利。据农业部组织的专家分析预测,农作物病虫害仍将是一个影响农业生产的长期问题,前半年小麦病虫防控是小麦种植区重点工作任务之一,但更重的防治任务还在6~9月。对此,我们必须高度重视,要以专业化统防统治为抓手,全面做好各项植保工作。一要做好重大病虫鼠害的监测与防控。南方稻区要突出抓好"两迁"害虫和南方水稻黑条矮缩病等监测与防控;东北地区要突出抓好稻瘟病、玉米螟的预防控制工作;东亚飞蝗、西藏飞蝗、亚洲飞蝗和土蝗发生区要突出抓好应急防治,严防蝗虫起飞和扩散危害;华北、西北和东北地区要密切关注草地螟发生动态,洞庭湖区要切实加强东方田鼠防控工作。二要做好重点区域植物疫情监管阻截。对西南和长江中下游的稻水象甲,西北的扶桑绵粉蚧、苹果蠹蛾,华北的瓜类果斑病等重大疫情,要切实加强检疫监管和封锁控制,防止疫情蔓延危害。三要做好农药管理和安全使用指导。目前陆续进入高温季节,要加强防控作业和安全用药指导,避免发生中暑、中毒事件。同时,加大农药市场监管力度,做到重心下移,严厉打击制假售假违法行为,防止假冒伪劣农药流入市场,确保农民用上"放心药"。

第五节　专业化防治员的素质要求

现代农业需要新型农民,培养具有现代农业意识和现代农业技术与技能的农业劳动者,是我国农业发展的必然要求。

一、专业化防治员岗位职责

一名优秀的农作物病虫害预防员,不但需要具备专业等多方面的能力,更需要严格遵守其岗位职责,做到以下两点。

第一,熟悉农作物病虫害预防员的相关流程,掌握本行业的操作规程。并具备相应的实践操作能力。

第二,要积极开展市场调查,做好市场信息的收集、整理、分析和预测。积极以市场及消费者为对象,运用科学的方法收集、

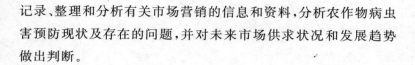

记录、整理和分析有关市场营销的信息和资料,分析农作物病虫害预防现状及存在的问题,并对未来市场供求状况和发展趋势做出判断。

二、专业化防治员工作素质要求

(一)思想品德素质

具备较高的职业道德修养,工作脚踏实地;对自己的职业有着浓厚的感情和忠诚度,对农民及客户有高度的责任感;爱岗敬业,有着高度的工作热情;遵守社会道德、职业操守和行业规矩,尊重客户,合理地维护农民及商户的利益。

(二)专业素质

专业化防治员应掌握相关的国家政策、标准、法律等方面的知识;熟悉农作物病虫害预防相关的指标等;了解农作物病虫害预防相关的知识,包括行业特点、市场现状及前景等。此外,农作物病虫害预防是一项比较艰苦的工作,尤其是深入田间实地调查,有时要长途跋涉、顶风冒雨、连续作战。

第二章　农药防治器械的使用和维护技术

第一节　植保机械的概述

一、植保机械(施药机械)的种类

(1)按喷施农药的剂型和用途分类。分为喷雾机、喷粉机、喷烟(烟雾)机、撒粒机、拌种机、土壤消毒机等。

(2)按配套动力进行分类。分为人力植保机具、畜力植保机具、小型动力植保机具、大型机引或自走式植保机具、航空喷洒装置等。

(3)按操作、携带、运载方式分类。人力植保机具可分为手持式、手摇式、肩挂式、背负式、胸挂式、踏板式等;小型动力植保机具可分为担架式、背负式、手提式、手推车式等;大型动力植保机具可分为牵引式、悬挂式、自走式等。

(4)按施液量多少分类。可分为常量喷雾、低量喷雾、微量(超低量)喷雾。但施液量的划分尚无统一标准。

(5)按雾化方式分类。可分为液力喷雾机、气力喷雾机、热力喷雾(热力雾化的烟雾)机、离心喷雾机、静电喷雾机等。气力喷雾机起初常利用风机产生的高速气流雾化,雾滴尺寸可达100微米左右,称之为弥雾机。近年来又出现了利用高压气泵(往复式或回转式空气压缩机)产生的压缩空气进行雾化,由于药液出口处极高的气流速度,形成与烟雾尺寸相当的雾滴,称之为常温烟雾机或冷烟雾机。还有一种用于果园的风送喷雾机,用液泵将药液雾化成雾滴,然后用风机产生的大容量气流将雾滴送向靶标,使雾滴输送得更远,并改善了雾滴在枝叶丛中的穿透能力。

二、常用杀虫灯具及其他

(一)杀虫灯

杀虫灯可广泛用于农、林、蔬菜、烟草、仓储、酒业酿造、园林、果园、城镇绿化、水产养殖等,特别是被棉铃虫侵害的领域。可诱杀农、林、果树、蔬菜等多种害虫,主要有棉铃虫、金龟子、地老虎、玉米螟、吸果夜蛾、甜菜夜蛾、斜纹夜蛾、松毛虫、美国白蛾、天牛等 87 科 1287 种害虫。据试验,平均每天每盏灯诱杀害虫几千头,高峰期可达上万头。降低落卵量达 70% 左右。诱杀成虫效果显著。

由于频振式杀虫灯将害虫直接诱杀在成虫期,而不是像农药主要灭杀幼虫,大大提高了防治效果。同时又避免了害虫抗药性的发生和喷洒农药对害虫天敌的误杀,有的用户反映在前一年挂灯后,第二年田里的害虫很少,而未挂灯的邻村田里则害虫成灾。

保护天敌,维护生态平衡。据试验,频振式杀虫灯的益害比为 1∶97.6,比高压汞灯(1∶36.7)低 62.4%,表明频振式杀虫灯对害虫天敌的伤害小,诱集害虫专一性强。频振式杀虫灯诱到的活成虫可以将其饲养产卵,作为寄主让寄生蜂寄生后放回大田,让天敌作为饲料,有利于大田天敌种群数量的增长,维护生态平衡。

减少环境污染,降低农药残留。频振式杀虫灯是通过物理方法诱杀害虫,与常规管理相比,每茬减少用药 2～3 次;大大减少农药用量,降低农药残留,提高农产品品质,减少对环境的污染,避免人畜中毒事件屡屡发生,适合无公害农产品的生产。不会使害虫产生任何抗性,并将害虫杀灭在对农作物的危害之前。具有较好的生态效益和社会效益。

控制面积大,投入成本低。每盏杀虫灯有效控制面积可达30～60 亩,亩投入成本低,单灯功率 30 瓦,每晚耗电 0.5 度,仅为高压汞灯的 9.4%。如果全年开灯按 100 天,每天 8～10 小时计,灯价、电费和其他设备费用,平均每亩投入成本仅为5.2～6 元,一次安灯,多年受益;一年如减少两次人工用药防治,以每台控制 30 亩面积计算可减少农药成本、人工支出 750 元左右。

使用简单,操作方便,生态效益显著。如果在果园或农田边的池塘里挂上频振式杀虫灯,就形成了一个良性生态链:杀虫灯杀灭害虫,害虫喂鱼,鱼拉粪便肥水,肥水淋施果、菜,既减轻了种养成本,又优化了生态环境。诱捕到的害虫没有农药的污染,是家禽、鱼、蛙优质的天然饲料,用于生态养殖,变废为宝,经济效益、生态效益、社会效益显著。

(二)自动虫情测报灯

自动虫情测报灯随昼夜变化自动开闭、自动完成诱虫、收集、分装等系统作业,留有升级接口。设置了八位自动转换系统,可实现接虫器自动转换。如遇节假日等特殊情况,当天未能及时收虫,虫体可按天存放,从而减轻测报人员工作强度,节省工作时间;利用远红外快速处理虫体。灯光引诱、远红外处理虫体、接虫器自动转换等功能使虫体新鲜、干燥、完整,利于昆虫种类鉴定,便于制作标本。

佳多牌自动虫情测报灯产品特点如下。

(1)采用不锈钢结构,利用光、电、数控技术。

(2)晚上自动开灯,白天自动关灯。减轻测报人员工作强度,节省工作时间。

(3)利用远红外处理虫体。与常规使用毒瓶(氰化钾、敌敌畏等)毒杀方式相比,不会危害测报工作者身体健康,避免有毒物质造成环境污染。

(4)接虫袋自动转换。如遇特殊情况,当天没有进行收虫,特设置八位自动转换系统,将虫体按天存放。

(5)灯光引诱、远红外处理虫体等功能便于制作标本。

(6)设有雨控装置开关,将雨水自动排出。避免雨水浸泡虫体。

(7)诱虫光源:20 瓦黑光灯管或 200 瓦白炽灯泡。

(8)电源电压:交流 220 伏。

(9)功耗:待机状态≤ 5 瓦,工作状态≤ 300 瓦(平均功率)。

(三)定量风流孢子捕捉仪

定量风流孢子捕捉仪可检测农林作物生长区域内空气中的真菌孢子及花粉,主要用于监测病害孢子存量及其扩散动态,通过配套工具光电显微镜与计算机连接,显示、存储、编辑病菌图像,为预测和预防病害流行提供可靠数据,是农业植保和植物病理学研究部门必备的病害监测专用设备。也可根据用户需要增设时控、调速装置。

第二节　手动喷雾器的使用技术

一、喷头的选择

喷头是施药机具最为重要的部件之一,是关系施药效果的关键因素。它在农药使用过程中的作用包括:计量施药液量、决定喷雾形状(如扇形雾或空心圆锥雾)和把药液雾化成细小雾滴。

(一)扇形雾喷头

药液从椭圆形或双突状的喷孔中呈扇面喷出,扇面逐渐变薄,裂解成雾滴。扇开雾头所产生的雾滴大都沉积在喷头下面的椭圆形区域内,雾滴分布均匀,主要用于安装在喷杆上进行除草剂的喷洒,也可喷洒杀虫剂或杀菌剂用于作物苗期病虫害的防治。喷除草剂或做土壤处理时,喷头离地面高度为 0.5 米;喷杀虫剂、杀菌剂和生长调节剂时,喷头离作物高度为 0.3 米。采用顺风单侧平行推进法喷雾,严禁将喷头左右摆动。首先将扇形喷头的开口方向调整到与喷杆方向垂直,施药时手持喷杆与身体一侧,保持一定距离(以直线前进时踩不到施药带为宜)和一定高度,直线前进即可。

(二)空心圆锥雾喷头

空心圆锥雾喷头的喷孔片中央部位有 1 喷液孔,按照规定,这种喷头应该配备有 1 组孔径大小不同的 4 个喷孔片,它们的孔径分别是 0.7 毫米、1.0 毫米、1.3 毫米和 1.6 毫米,在相同压力下喷孔直径越大则药液流量也越大。用户可以根据不同的作物和病虫草害,选用适宜的喷孔片。由于喷孔的直径决定着药液流量和雾滴大小,操作者切记不得用工具任意扩大喷片的孔径,以免破坏喷雾器应用的特性。用于喷洒杀虫剂和杀菌剂等,适用于作物各个生长期的病虫害防治,不宜用于喷洒除草剂。施药时应使喷头与作物保持一定距离,避免因距离过近直接喷洒而造成药液流淌、分布不均匀等现象。采用顺风单侧多行交叉"之"字形喷雾方法,确保施药人员处在无药区。

(三)可调喷头

可根据不同防治对象,旋转调节喷头帽而改变雾锥角和射程,但调节喷头对其雾化质量有很大影响。随着旋转喷头帽角度的增大,雾滴直径将显著变粗,甚至变成水柱状,此时虽可进行果树施药,但农药流失量大,浪费严重。此喷头的流量大,主要用于喷洒土壤处理型除草剂和作物基部病虫害的防治。

二、喷雾器中除草剂稀释注意问题

为了施药方便,现在许多农民朋友在喷施除草剂时都不单独配制稀释液,而是将除草剂加入喷雾器中,在喷雾器中配制稀释液配好后直接喷施,但是由于对配制除草剂稀释液的技术掌握不好,在配制过程中往往会出现问题直接影响除草剂的防效,在配制过程中必须注意以下 4 个问题。

(1)除草剂的剂型。除草剂的剂型有很多,例如乳剂、水剂、胶悬剂,见水后很快溶解并扩散。对这些剂型的除草剂可采用一步稀释法配制,即将一定量的除草剂直接加入喷雾器中稀释,稀释后即可喷施,72%都尔乳剂、90%禾耐斯乳油都可采用这种方法;可湿性粉剂、干燥悬乳剂等剂型不能采用一步稀释法,而必须采用两步稀释法配制:第一步是按要求准确称取除草剂加少量水搅动,使其充分溶解即为母液,75%巨星干燥悬乳剂、25%除草醚可湿性粉剂必须采取这种方法稀释,而决不能采取一步稀释法。第二步是将第一步的母液稀释到要求的浓度,用喷施。

(2)配制稀释剂。在喷雾器中配制稀释液,必须先在药箱中加入约 10 厘米深的水后才可将药剂或母液慢慢加入药箱,然后加水至水线即可喷施,决不能在水箱中未加清水前或将水箱加满清水后倒入药剂或母液,因为这样很难配制出均匀的稀释液,会严重影响防除效果。

(3)药箱中药液配好后要立即喷施。原因是各种除草剂的比重不完全是一样,如除草剂比重比水大,存放一段时间后除草剂会下沉,造成下部药液浓度大,上部药液浓度小,严重影响除草效果。

(4)喷雾器中的稀释液以加至喷雾器的水位线为好,决不能一下子充满。如将喷雾器药箱充满,在施药人员行走时,药液难以晃动,药剂容易出现下沉或上浮现象,影响药液均匀度,从而影响除草剂效果。另外,在施药人员施药时药液还容易从药箱上口溅出来,滴到施药人员身上,所以药箱中的药液一定不要加得太满。

三、喷雾器的清洗

喷雾器等小型农用药械在喷完药后应立即进行清洗处理,特别是剧毒农药和除草剂,要立即将药械桶内清洗干净,否则导致残留在药桶内对农作物或蔬菜就会产生毒害、药害。

具体清洗方法如下。

(1)一般杀虫剂、除草剂、微肥等,用药后反复清洗、倒置、晾干即可。对毒性大的农药要多清洗几遍。

(2)除草剂的清洗。

①如常见的玉米、大豆田的封闭药(阿胶、乙草胺等)用后立

即清洗 2～3 遍,再用清水灌满喷雾器浸泡半天到一天,倒掉后再清洗 2 遍就可以了。

②对克无踪、百草枯的清洗,针对克无踪遇土便可钝化,失去除草活性原理,故而在打完除草剂克无踪后马上用泥水清洗数遍,再用清水洗净。

③2,4-D 丁酯比较难清洗,对花生等阔叶植物有害、应用 0.5% 的硫酸亚铁溶液充分洗刷,再用清水冲洗。

第三节 机动喷雾器的使用技术

一、加燃油

如"东方红"WFB-18AC 背负式喷雾器使用的燃料为汽油和机油的混合油,汽油的牌号为 90♯,机油为二冲程汽油机专用机油,严禁使用其他牌号的机油,汽油与机油的容积混合比为 25:1。

(1)加油时按照容积混合比配置混合油,充分摇匀后注入油箱。

(2)加油时若溅到油箱外面,请擦拭干净;不要加油过满,以防溢出。

(3)加燃油后请把油箱盖拧紧,防止作业过程中燃油溢出。

注意:

(1)严禁使用纯汽油作燃料。

(2)若使用劣质汽油及机油,火花塞、缸体、活塞环、消音器等部件容易积炭,影响汽油机的使用性能,甚至损坏汽油机。

(3)加燃油时避免皮肤直接与汽油接触,以免伤害身体。

二、启动与停机

启动之前,把机器放在平稳牢固的地方,确定无旁观人员。在接近汽油、煤气等易燃物品的地方不要操作本机。

(一)启动前的检查

(1)新机开箱后,对照装箱清单检查随机零件是否齐全,并检查各零部件安装是否正确牢固。

(2)检查火花塞各连接处是否松脱,火花塞两电极间隙是否符合要求,火花塞是否正常。

(3)将起动器轻轻拉动几次检查机器转动是否正常。

(二)冷机启动

(1)将静电开关置于"关"位置。

(2)将化油器上阻风门置于全开位置。

(3)轻轻拉出启动绳,反复拉动几次,使混合油进入箱体。注意启动绳返回时,切不可松手,应手握启动器拉绳手柄让其自动缩回,以防损坏启动器。

(4)将化油器阻风门置于全闭位置,再用力拉动启动绳。

(5)发动机启动后,将阻风门置于全开位置,让机器低速运转3~5分钟后,再将油门置于高速位置进行喷洒作业。

(三)热机启动

(1)发动机在热机状态下启动时,应将阻风门置于全开位置。

(2)启动时,如吸入燃油过多,可将油门手柄和阻风门置于全开位置,卸下火花塞,拉动启动绳5~6次,将多余的燃油排出,然后装上火花塞,按(1)的方法启动。

（四）停机

（1）将油门手柄松开即可。

（2）喷雾时,先关闭药液开关再停机。

注意:启动后和停机前必须空转 3～5 分钟,严禁空载高速运转,防止汽油机飞车造成零件损坏或出现人身事故,严禁高速停车。

三、喷雾、喷粉作业

（一）喷雾作业

1. 喷雾作业前的准备

（1）加药液前,先加入清水试喷一次,检查各处有无渗漏。

（2）加药时应先关闭输液开关,加液不可过急、过满以防外溢。

（3）药液必须干净,以免堵塞喷嘴。

2. 喷雾作业

启动机器后背起机器,调整操纵手柄,使汽油机稳定在额定转速左右,打开输液开关,用手摆动喷管即可进行喷雾作业。在一段长时间的高速运转后,应使机器低速运转一段时间,以使机器内的热量可以随着冷空气驱散,这样有助于延长机器使用寿命。

（1）控制单位面积喷量,可通过调量阀完成,位置 1 喷量最小,位置 4 喷量最大。

（2）控制单位面积喷量,除用调量阀进行速度调节外,还可以转动药液开关角度,改变药液通道截面来调节。

（3）喷洒灌木可将弯管向下,防止药液向上飞。

（4）由于雾滴极细,不易观察喷洒情况,一般认为植物叶子只要被吹动,证明药液已到达了。

　　机动喷雾器的工作原理:汽油机带动风机叶轮旋转产生高速气流,并在风机出口处形成一定压力,其中,大部分高速气流经风机出口流入喷管,少量气流经风机上部的出口,经导风软管,穿过进气塞上的小孔进入塑料软管,到达药箱上面的出气嘴,进入药箱,在药箱的内部形成压力。药液在压力的作用下,通过出液塞流入药箱外部的塑料软管,经过开关到调量阀流入喷嘴,从喷嘴小孔流出的药液,被喷管内的高速气流吹成极细的雾滴,雾滴经过喷头的静电喷片带上静电,然后喷向前方。

　　(二)喷粉作业

　　(1)喷粉时,将粉门开关放在全闭位置,即"一"号位置,然后再加药粉,以免开机后有药剂喷出。

　　(2)加入的药粉应干燥,无结块,无杂物。

　　(3)加入的粉剂最好当天用完,不要长时间存在药箱里,因粉剂存放时间长易吸收水分,形成结块,下次使用时排除困难,并容易失效。

　　(4)加入药粉后,药箱口螺纹处的残留药粉要清扫干净,再旋紧箱盖,以防漏粉。

　　(5)启动发动机,背起机器,调整油门操手柄使汽油机达到额定转速,调整粉门轴即可进行喷粉作业。

四、技术保养与长期保存

　　(一)整机的保养

　　(1)经常清理机器的油污和灰尘,尤其喷粉作业更应勤擦洗(用清水清洗药箱,汽油机橡胶件只能用布擦不能用水冲)。

　　(2)喷雾作业后应清除药箱内的残液,并将各部件擦洗干净。

(3)喷粉后,应将粉门处及药箱内外清扫干净,尤其是喷洒颗粒农药后一定要清扫干净。

(4)用汽油清洗化油器。过脏的空滤器会使汽油机功率降低,增加燃油消耗量及使机器启动困难,化油器海绵用汽油清洗,将海绵体吹干后再装,一定要更换已经损坏的过滤器。

(二)汽油机的保养

(1)燃油里混有灰尘、杂质和水,积存过多容易使发动机工作失调,因此应经常清理燃油系统。

(2)油箱及化油器里如有残油,长期不用会结胶,堵塞油路,使发动机不能正常工作,因此,一周以上不使用机器时,一定要将燃油放干净。

(3)每天工作完后要清洗空气滤清器,海绵用汽油清洗后要将油挤干后再装入。

(4)火花塞的间隙为 0.6~0.7 毫米,应经常检查,过大或过小都应进行调整。

(三)长期保存

(1)将油箱、化油器内的燃油全部放掉,并清洗干净。

(2)将粉门及药箱内外表面清洗干净,特别是粉门部位,如有残留农药就会引起粉门动作不畅,漏粉严重。

(3)将机器外表面擦洗干净,特别是缸体散热片等金属表面涂上防锈油。

(4)卸下火花塞,向汽缸内注入 15~20 克二冲程汽油机专用机油,用手轻拉启动器,将活塞转到上止点位置,装上火花塞。

(5)喷管、塑料管等清洗干净,另行存放,不要暴晒、挤压、碰撞。

（6）整机用塑料薄膜盖好，放到通风干燥的地方。

注意：

①不要将机器放到靠近火源的地方，也不要放到儿童及未经允许的人能接触到的地方。

②不要与酸、碱等有腐蚀性的化学物品放在一起。

第四节　背负式机动喷雾器常见故障判断及排除方法

该机所配汽油机为二冲程汽油机，与四冲程汽油机有一定区别，所以故障判断与排除方法应与四冲程汽油机分开，不能一概而论。主要问题出现在电路、油路、压缩、密封和杂音上，具体分析如下。

一、电路

表现为不着车和运转中转速不稳，有明显断火现象，主要发生在内转子、外转子和火花塞上。内转子定子与转子间隙小则跳火错乱，大则出现断火，这种情况下将定子与转子间隙调到0.25～0.35毫米之间即可排除故障。外转子则体现在定子上的电子块和所连接线路，如电子块击穿，连接线开焊造成接触不良，也会出现同样问题。另外，当火花塞电极间隙小于0.5毫米或大于0.7毫米时同样会出现连火或断火现象，表现为转速不稳、无缓和，这时将火花塞电极间隙调到0.5～0.7毫米，故障即可排除。当连接线断开，火花塞积炭则会出现不打火不着车现象，这时应逐一检查，当启动时曲轴箱和燃烧室内燃油过多，油会将火花塞电极间隙粘连，致使无法打火而不能启动（俗称淹嘴子），这时应将火花塞取下将电极间擦拭干净，关闭油门空拉几下，将油排除，安上火花塞，重新启动即可。

二、油路

表现为不着车(不供油),转速不稳,没有高速。作业后应将油门关掉,启动发动机把油杯内剩余的燃油烧尽,这样可以避免汽油挥发后油杯内的机油将主量孔堵塞而造成不吸油、不着车。

(1)当化油器富油时会出现转速不稳,消音器有黑烟冒出,但与电路的故障表现有区别,主要表现为转速上下有缓和,反复出现高低速。这时应将油针取出将扁卡簧向上调1~2格,故障即可排除。

(2)操作时,油门开大,转速反而下降,同时缸体温度较高,可判断为贫油,这时将油针取出将扁卡簧向下调1~2格,如问题还不解决,打开油杯,观察主量孔是否堵塞,如堵塞将其用针或钢丝通开,如没堵塞将浮子支架向上调1~2毫米问题即可排除。

(3)不供油或供油不足,表现为不下油,这时可以从上而下检查油开关及化油器下油孔,确定位置后用钢丝或化油器清洗剂通开,当下油孔堵塞轻微时因供油不足会出现转速不稳,表现为转速有大的反复,应用钢丝通开。

三、压缩

压缩不足表现为没有高速,不启动或不易启动。此时检查缸盖螺母是否松动,活塞、活塞环是否磨损过度或折断,缸体内壁是否有划痕,镀铬层是否脱落且磨损过度及火花塞是否松动。确定某个或几个零部件松动或损坏时及时紧固或更换。

四、密封

主要指加垫部位的密封,有缸盖铝垫、缸体纸垫、法兰纸垫、曲轴箱垫、油封和化油器纸垫，其中除化油器纸垫外其他如有损坏或漏气都会引起机器不能启动。如法兰纸垫、曲轴箱垫，前油封漏气会出现发动机不熄火。当不停车时，先看化油器风阻拉杆有没有放到位，再看法兰固定螺丝是否松动，纸垫有无损坏（大多数下侧漏气），缸体纸垫有无漏气（大多数在曲轴箱结合处上口位置），曲轴箱垫如有机油漏出则可定为漏气，最后检查后油封（磁电极处）。当不着车时，看缸盖铝垫处有无黑油吹出，油封处有无大量机油渗出，其他纸垫有无大部破损，如有则按位置将故障排除。

五、杂音

首先，仔细观察是哪个部位发出的声音，如塑与塑（风机与塑料叶轮）之间、塑与铝（风机与铝叶轮）之间、铝与铝（冷却风扇与曲轴箱）之间、铝与铁（回弹器连接盘与回弹器拨插）之间、铁与铁（转子与定子）之间，这些都有固定的位置，所发出的声音也不同。另外，高速时发出很明显的"哗哗"声可确定为轴承处（不多见，属个别），当出现"铛铛"金属碰撞声时，可判断为风机大螺母松动或活塞顶缸盖（顶缸盖属个别不多见），在确定故障发生位置后动手排除问题。

六、消音器喷黑油

本机使用混合油做燃料，而机油本身不能燃烧，需中速或高速才能排出发动机外，当机器低速或怠速运转时因速度低大部分不能排出消音器，当起高速时则会大量黑烟伴有黑油喷出，这时可连续开高速，将积在消音器内的黑油排出即可。

第五节 背负式机动喷雾器使用注意事项及节油技术

一、供油系统

保持汽化器良好的技术状态,使进入气缸内的混合气不浓也不稀。如混合气过浓,发动机冒黑烟,燃烧不完全,油耗增加,功率下降;混合气过稀,燃烧缓慢,工作时间延长。汽化器的喷管量孔增大,浮子室油面不正常,油针卡簧和风量活塞高度调整不当等,都会使混合气过浓或过稀,油耗增加,功率下降。东方红-18型喷雾器配套的 IE40FP 汽油机,转速达到 5 000 转/分钟,就可满足喷雾器要求。如果把油门调整到最大位置,即风量活塞处全开,油针卡簧放在最下格,汽油机转速能达到 6 000 转/分钟以上,此时汽油消耗比正常要高出 27% 左右,使油耗增加。

二、点火系统

根据资料分析表明,点火角度相差 1°,油耗即增加 1%,点火过早,不仅使气缸内压力升高过早,还使气缸内经常处于爆燃状态,导致烧坏活塞、火花塞绝缘体等;点火过迟,混合气的燃烧延迟到上孔点后,燃烧时的最高压力和最高温度下降,由于燃烧时间延长,排气温度升高,热损失增多,使发动机功率下降,油耗增加。白金间隙过大,易产生断火;间隙过小,易烧白金,产生的火花弱,混合气燃烧不彻底,油耗增加。

三、压缩系统

压缩良好的汽油机,其气缸压力高,混合气点燃速度快,爆发力大,发动机工作效率高。汽缸漏气时,压力降低,发动机工作性能破坏，油耗增加。工作中如发现漏气，应立即排除故障，不要带病工作。气缸、活塞、活塞环等磨损，会引起气缸压力降低；曲轴箱结合面、轴承油封漏气，也会使气缸压力下降，油耗增加。此外，每天作业结束后，用汽油清洗空气滤清器，做到进气干净、无阻。混合油要随用随配。熄火时，要先关油门，尽量不要用断电办法熄火，以免混合油流入曲轴箱，造成混合气过浓，下次启动困难。风扇转动应平稳、无杂音，药具保持完好不变形。夏天作业结束或休息时，应把机器放在阴凉处，不要在太阳下暴晒，以免汽油蒸发造成浪费。

第六节　机动喷雾器安全操作注意事项

（1）本机所排放的废气中含有毒气体，为了确保您的身体不受伤害，在室内、通风不畅的地方不要使用。

（2）消音器护罩，缸体和导风罩表面温度较高，启动后不要用手触摸，以防烫伤。

（3）作业时必须确定周围无旁观人员，作业时高速气流能把小的物体吹向远方，所以喷管前严禁站人。

（4）作业过程中若有机器异响，请立即停止作业，关闭机器后再检查情况。

（5）为了安全有效地喷洒，工作人员要逆风而行，喷口方向要顺风喷洒。

（6）喷洒药剂时应避开中午高温期，最好在早上和下午无风较凉爽的天气进行，这样可以减少药的挥发和飘移，提高防治效果。

（7）为了保证操作者的健康和安全，延长机器的使用寿命，一天工作时间不要超过 2 小时，持续工作不要超过 10 分钟。

（8）本机带有静电发生装置，请使用时将接地线与大地接触，防止触电。

第三章 病虫害常用的防治方法

第一节 物理机械防治法

物理机械防治法就是利用各种物理因素(如光、电、色、温湿度等)和机械设备来防治有害生物的植物保护措施。此法一般简便易行,成本较低,不污染环境,而且见效快,但有些措施费时费工,需要特殊的设备,有些方法对天敌也有影响。一般作为一种辅助防治措施。

一、诱杀法

物理机械防治的主要措施之一为诱杀法,是利用害虫的趋性或其他习性诱集并杀灭害虫。常用方法有以下几种。

(一)灯光诱杀

利用害虫的趋光性,采用黑光灯、双色灯或高压汞灯,结合诱集箱、水坑或高压电网诱杀害虫的方法。大多数害虫的视觉特性对波长330~400纳米的短光波紫外光特别敏感,黑光灯是一种能辐射出360纳米紫外光的电光源,因而诱虫效果很好。黑光灯可诱集700多种昆虫,在大田作物害虫中,尤其对夜蛾类、螟蛾类、天蛾类、尺蛾类、灯蛾类、金龟甲类、蝼蛄类、叶蝉类等诱集力更强。

目前,生产上所推广应用的另一种光源是频振式杀虫灯,该灯的杀虫机理是运用光、波、色、味4种诱杀方式杀灭害虫。近距离用光,远距离用波,加以黄色外壳和气味,引诱害虫成虫扑灯,外配以频振高压电网触杀,可将成虫消灭在产卵以前,从而减少害虫基数、控制害虫危害作物。可广泛用于农、林、蔬菜、烟草、仓储、酒业酿造、园林、果园、城镇绿化、水产养殖等,对危害作物的多种害虫,如斜纹夜蛾、银纹夜蛾、烟青虫、稻飞虱、蝼蛄等都有较强的杀灭作用。

(二)色彩板诱杀

利用害虫的趋色彩性,研究各种色彩板诱杀一些"好色"性害虫,常用的有黄板和蓝板。如利用有翅蚜虫、白粉虱、斑潜蝇等对黄色的趋性,可在田间采用黄色黏胶板或黄色水皿进行诱杀。利用蓝板可诱杀蓟马、种蝇等。

(三)食饵诱杀

利用害虫对食物的趋化性,通过配制合适的食饵来诱杀害虫。如用糖酒醋液可以诱杀小地老虎和黏虫成虫,利用新鲜马粪可诱杀蝼蛄等。

(四)汰选法

健全种子与被害种子在形态、大小、比重上存在着明显的区别,因此,可将健全种子与被害种子进行分离,剔除带有病虫的种子。可通过手选、筛选、风选、盐水选等方法进行汰选。例如,油菜播种前,用10%NaCl溶液选种,用清水冲洗干净后播种,可减轻油菜菌核病的发病率。

(五)阻隔法

根据害虫的生活习性和扩散行为,设置物理性障碍,阻止其活动、蔓延,防止害虫为害的措施。如在设施农业中利用适宜孔径的防虫网覆盖温室和塑料大棚,以人工构建的屏障,防止害虫侵害温室花卉和蔬菜,从而有效控制各类害虫,如蚜虫、跳甲、甜菜夜蛾、美洲斑潜蝇、斜纹夜蛾等的危害。又如果园果实套袋,可以阻止多种食心虫在果实上产卵,防止病虫侵害水果。

此外,还可用温度控制、缺氧窒息、高频电流、超声波、激光、原子能辐射等物理防治技术防治病虫。

二、农区鼠和农区统一灭鼠技术

(一)常见农业害鼠

最常见的主要农业害鼠有近 30 种。农村害鼠可以分为家栖鼠类和野栖鼠类,家栖鼠类主要有褐家鼠、小家鼠和黄胸鼠。其中,褐家鼠和小家鼠分布全国各地,黄胸鼠主要分布在我国南方各省。

(二)杀鼠剂种类

敌鼠钠盐、杀鼠灵、杀鼠迷、氯敌鼠,溴敌隆、大隆、杀它仗等。

(三)农区统一灭鼠技术

一是洞口外一次性饱和投饵:将毒饵投在距鼠洞口 35 厘米鼠出入的道上。农田、荒地鼠每洞裸投 5~10 克。

二是农田毒饵站投饵:一般每亩(667 平方米)农田设置毒饵站 2 个,每个毒饵站投毒饵 50~80 克。

三是农舍一律用毒饵站投饵,房前屋后各放一个,每个毒饵站投毒饵 50~80 克。

(四)毒饵站制作方法

PVC 管或竹筒毒饵站用口径为 56 厘米 PVC 管或竹子制成,在房舍区,竹筒毒饵站的长度可在 30 厘米左右,在农田的毒饵站在 45 厘米左右(不算用来遮雨的突出部分)。在室内放置毒饵站时,可将毒饵站直接放置在地面,用小石块稍作固定即可。在野外使用时,应将铁丝插入地下,地面与竹筒应留有 3 厘米左右的距离,以免雨水灌入。

(五)慢性杀鼠剂中毒的处理

经口毒物中毒的一般救治措施为:催吐、洗胃、灌服活性炭、导泻及综合对症治疗。抗凝血慢性杀鼠剂中毒时,一是对误食已有 1 天以上的患者,应测定血浆凝血酶原时间,若凝血酶原时间延长,应肌肉注射维生素 K_1,成人 5 毫克,儿童 1 毫克,24 小时后再测凝血酶原时间,再肌肉注射维生素 K_1,剂量同前。二是对出现症状并伴有低凝血酶原血症的患者,每日肌肉注射维生素 K_1,成人 25 毫克,儿童 0.6 毫克/千克体重,到出血症状停止。抗凝血杀鼠剂指敌鼠钠盐、氯敌鼠、杀鼠酮钠盐、杀鼠灵、杀鼠迷、溴敌隆、溴鼠灵等。由它们配制成的毒饵误食中毒都可用上述方法解毒。注意:急性灭鼠药误食中毒,由于没有特效药解救,宜马上就医,并提供误食的原药。

第二节　生物防治法

生物防治法就是利用自然界中各种有益生物或有益生物的代谢产物来防治有害生物的方法。生物防治的优点是对人、畜、植物安全,不杀伤天敌及其他有益生物,一般不污染生态环境,往往对有害生物有长期的抑制作用,而且生物防治的自然资源比较丰富,使用成本比使用化学农药低。因此,生物防治是综合防治的重要组成部分。但是,生物防治也有局限性,如作用较缓慢,在有害生物大发生后常无法控制;使用时受气候和地域生态环境影响大,效果不稳定;多数天敌的选择性或专化性强,作用范围窄,控制的有害生物数量仍有限;人工开发周期长,技术要求高等。所以,生物防治必须与其他防治方法相结合。

生物防治的主要措施如下所述。

一、以虫治虫

以害虫作为食物的昆虫称为天敌昆虫。利用天敌昆虫来防治害虫,称为"以虫治虫"。天敌昆虫主要有捕食性和寄生性两大类型。

(一)捕食性天敌昆虫

专以其他昆虫或小动物为食物的昆虫,称为捕食性昆虫。分属于18个目近200个科,常见的捕食性天敌昆虫有蜻蜓、螳螂、猎蝽、刺蝽、花蝽、姬猎蝽、瓢虫、草蛉、步甲、食虫虻、食蚜蝇、胡蜂、泥蜂、蚂蚁等。这些天敌一般均比被猎取的害虫大,捕获害虫后立即咬食虫体或刺吸害虫体液,捕食量大,在其生长过程中,能捕食几头至数十头,甚至数千头害虫,可以有效地控制害虫种群数量。例如,利用澳洲瓢虫与大红瓢虫防治柑橘吹绵介壳虫较为成功。一头草蛉幼虫,一天可以吃掉几十甚至上百头蚜虫。

(二)寄生性天敌昆虫

这些天敌寄生在害虫体内,以害虫的体液或内部器官为食,导致害虫死亡。分属于5个目近90个科,主要包括寄生蜂和寄生蝇,其虫体均比寄主虫体小,以幼虫期寄生于害虫的卵、幼虫及蛹内或体上,最后寄主害虫随天敌幼虫的发育而死亡。目前,我国利用寄生性天敌昆虫最成功的例子是利用赤眼蜂寄生多种鳞翅目害虫的卵。

以虫治虫的主要途径有以下3个方面:①保护利用本地自

然天敌昆虫。如合理用药,避免农药杀伤天敌昆虫;对于园圃修剪下来的有虫枝条,其中的害虫体内通常有天敌寄生,因此,应妥善处理这些枝条,将其放在天敌保护器中,使天敌能顺利羽化,飞向园圃等。②人工大量繁殖和释放天敌昆虫。目前,国际上有130余种天敌昆虫已经商品化生产,其中,主要种类为赤眼蜂、丽蚜小蜂、草蛉、瓢虫、小花蝽、捕食螨等。③引进外地天敌昆虫。如早在19世纪80年代,美国从澳大利亚引进澳洲瓢虫(*Rodolia cardinalis*),5年后原来危害严重的吹绵蚧就得到了有效控制;1978年我国从英国引进丽蚜小蜂防治温室白粉虱取得成功等。

二、以菌治虫

以菌治虫,就是利用害虫的病原微生物及其代谢产物来防治害虫。该方法具有对人、畜、植物和水生动物无害,无残毒,不污染环境,不杀伤害虫的天敌,持效期长等优点,因此,特别适用于植物害虫的生物防治。

目前,生产上应用较多的是病原细菌、病原真菌和病原病毒三大类。我国利用的昆虫病原细菌主要是苏云金杆菌(Bt),主要用于防治棉花、蔬菜、果树、水稻等作物上的多种鳞翅目害虫。目前,国内已成功地将苏云金杆菌的杀虫基因转入多种植物体内,培育成抗虫品种,如转基因的抗虫棉等。我国利用的病原真菌主要是白僵菌,可用于防治鳞翅目幼虫、叶蝉、飞虱等。目前发现的昆虫病毒以核型多角体病毒(NPV)最多,其次为颗粒体病毒(GV)及质型多角体病毒(CPV)等。其中,应用于生产的有棉铃虫、茶毛虫和斜纹夜蛾核型多角体病毒,菜粉蝶和小菜蛾颗粒体病毒,松毛虫质型多角体病毒等。

近年来,在玉米螟生物防治中,还推广以卵寄生蜂(赤眼蜂)

为媒介传播感染玉米螟的病毒,使初孵玉米螟幼虫罹病,诱导玉米螟种群罹发病毒病,达到控制目标害虫玉米螟危害的目的。该项目被称为"生物导弹"防治玉米螟技术。

此外,某些放线菌产生的抗生素对昆虫和螨类有毒杀作用,这类抗生素称为杀虫素。常见的杀虫素有阿维菌素、多杀菌素等。例如,阿维菌素已经广泛应用于防治多种害虫和害螨。

三、"以菌治菌(病)"

"以菌治菌(病)"是利用对植物无害或有益的微生物来影响或抑制病原物的生存和活动,减少病原物的数量,从而控制植物病害的发生与发展。有益微生物广泛存在于土壤、植物根围和叶围等自然环境中。应用较多的有益微生物如细菌中的放射土壤杆菌、荧光假单胞菌和枯草芽孢杆菌等,真菌中的哈茨木霉及放线菌(主要利用其产生的抗生素)等。如我国研制的井冈霉素是由吸水链霉菌井冈变种产生的水溶性抗生素,已经广泛应用于水稻纹枯病和麦类纹枯病的防治。

四、其他有益生物的应用

在自然界,还有很多有益动物能有效地控制害虫。如蜘蛛和捕食螨同属于节肢动物门、蛛形纲,主要捕食昆虫,农田常见的有草间小黑蛛、八斑球腹蛛、拟水狼蛛、三突花蟹蛛等,主要捕食各种飞虱、叶蝉、螨类、蚜虫、蝗蝻、蝶蛾类卵和幼虫等。很多捕食性螨类是植食性螨类的重要天敌,重要科有植绥螨科、长须螨科。这两个科中有的种类如胡瓜钝绥蛾、尼氏钝绥螨、拟长行钝绥螨已能人工饲养繁殖并释放于农田、果园和茶园。如以应用胡瓜钝绥螨(*Neoseiulus cu-cumeris* Oudermans)为主的"以螨治螨"生物防治技术,1997 年以来已在全国 20 个省市的 500

余个县市的柑橘、棉花、茶叶等 12 种作物上应用,用以防治柑橘全爪螨、柑橘锈壁虱、柑橘始叶螨、二斑叶螨、截形叶螨、土耳其斯坦叶螨、山楂叶螨、苹果全爪螨、侧多食跗线螨、茶橙瘿螨、咖啡小爪螨、南京裂爪螨、竹裂螨、竹缺爪螨等害螨的为害,年可减少农药使用量 40%～60%,防治成本仅为化学防治的 1/3,具有操作方便、省工省本、无毒、无公害的特点,成为各地受欢迎的一个优良的天敌品种。

两栖类动物中的青蛙、蟾蜍、雨蛙、树蛙等捕食多种农作物害虫,如直翅目、同翅目、半翅目、鞘翅目、鳞翅目害虫等。大多数鸟类捕食害虫,如家燕能捕食蚊、蝇、蝶、蛾等害虫。有些线虫可寄生地下害虫和钻蛀性害虫,如斯氏线虫和格氏线虫,用于防治玉米螟、地老虎、蛴螬、桑天牛等害虫。此外,多种禽类也是害虫的天敌,如稻田养鸭可控制稻田潜叶蝇、稻水象甲、二化螟、稻飞虱、中华稻蝗、稻纵卷叶螟等害虫。鸡可啄食茶树上的茶小绿叶蝉。

五、昆虫性信息素在害虫防治中的应用

近年来,昆虫性信息素在害虫防治中的应用越来越广泛。昆虫性信息素是由同种昆虫的某一性别分泌于体外,能被同种异性个体的感受器所接受,并引起异性个体产生一定的行为反应或生理效应。多数昆虫种类由雌虫释放,以引诱雄虫。目前,全世界已鉴定和合成的昆虫性信息素及其类似物达 2 000 余种,这些性信息素在结构上有较大的相似性,多数为长链不饱和醇、醋酸酯、醛或酮类。每只昆虫的性外激素含量极微,一般在 0.005～1 微克。甚至只有极少量挥发到空气中,就能把几十米、几百米、甚至几千米以外的异性昆虫招引来,因此,可利用一些害虫对性外激素的敏感,采用性诱惑的方法设置诱捕器、诱芯

来进一步诱杀大量的雄蛾,减少雄蛾与雌蛾的交配机会,对降低田间卵量、减少害虫的种群数量起到良好的作用。目前,已经应用在二化螟、小菜蛾、甜菜夜蛾和斜纹夜蛾的防治中,在农药的使用次数和使用量大幅度削减,减低农药残留的同时,虫害得到有效控制,保护了自然天敌和生物多样性。

第三节　化学防治

一、病害化学防治基础知识

植物由于遭受其他生物的浸染或不良环境条件的影响,使其不能正常生长发育甚至死亡,并对农业生产造成损失的现象,称为植物病害。植物病害分为两类:非侵染性病害(生理病害)和侵染性病害。

（一）非侵染性病害与侵染性病害

非侵染性病害:其发生是因为土壤、气候及栽培条件的不适而引起。如缺乏营养、水分失调、高温干旱、低温冷冻都可产生非侵染性病害。非侵染性病害往往成片发生,在镜检下不能发现病原物也不会发生相互侵染。

侵染性病害:是由病原物引起,病原物主要有五大类:真菌、细菌、病毒、线虫及寄生性种子植物。

真菌病原物约占植物病害的 80% 左右,是最重要的病原物,其营养体为菌丝体,繁殖体大多为孢子。细菌为单细胞生物,绝大多数为异养或营腐生生活。植物病原菌都是杆状侵入途径主要是通过伤口或自然气孔,不能通过角质层和表皮直接侵入。病毒是一类非细胞形的大分子,单个病毒粒子只有在电子显微镜下才能看清楚。病毒只能通过机械或昆虫介体造成的伤口侵入活的细胞。线虫是一类低等线形动物，几乎所有农作物都遭线虫为害，以土壤中的植物线虫为主。寄生性种子植物主要有列当和菟丝子。对于以上5类病原物的化学防治，真菌、细菌用杀虫剂；病毒因受蚜虫、蓟马及螨类的传播，在用杀菌剂的同时还要用杀虫剂；线虫用杀虫剂和杀菌剂；寄生性种子植物用除草剂。

（二）作物的病状与病症

作物病状类型：变色、坏死、腐烂、萎蔫、畸形。

作物病症类型：霉状物、粉状物、锈状物、粒状物、丝状物和脓状物。

根据以上症状和病症可诊断植物病害的类型。真菌性病害：有霉状物，按其颜色分别有青霉、黑霉、灰霉和赤霉；有粉状物，通常为赤粉和白粉；有粒状物，在生病部位有褐色或黑褐色小颗粒；有丝状物为癌肿。细菌性病害有脓状物，是细菌侵入后特有的症状，脓状物多为乳白色或黄白色，胶黏状，症状上表现为组织坏死，主要是叶斑或叶枯；腐烂，表现为块根块茎腐烂；畸形，由侵染维管束的细菌引起，一般是全株性的，常见的有瘿瘤、毛根。病毒性病害主要是变色，以花叶和黄化最常见，坏死叶片上形成各种坏死斑；畸形、小叶、小果、缩根、肿瘤及矮化。线虫病害主要表现为根腐、丛根、根生结节和全株枯萎、叶色变淡。

（三）杀菌剂的类型

针对不同类型的病害，要选择相应的杀菌剂及早防治。杀菌剂按其作用可分为3类：保护性杀菌剂、治疗型杀菌剂和免疫型杀菌剂。保护性杀菌剂能够在病原菌侵入寄主植物前杀死或抑制病菌发展。治疗型杀菌剂是指能够渗入或被植物吸收到体内，作用于侵入的病原物，使芽管或菌丝不能继续生长。这类杀菌剂具有内吸和传导作用,施在作物表面也有保护作用。免疫型杀菌剂是一种施用后能够提高作物能力对病原菌抵抗能力的化学药剂。杀菌剂种类繁多,应该根据作物病害的类型,按照农药标签上所标注的适用作物和防治对象,选择高效经济的杀菌剂。

二、草害化学防治基础知识

杂草是指非人们有意识栽培的草本植物。凡生长不得其所的植物体从栽培学的意义上讲都可称为杂草。杂草对农业生产的危害极大,它与作物争夺地面和空间,争夺水分、养分、光照,使作物生长发育不良,降低产量和品质。许多杂草还是作物病虫害的中间寄主,造成病虫害传播蔓延。有些杂草还直接威胁人畜健康及生命,如毒麦混入小麦磨成的面粉,人吃后引起中毒;豚草花粉引起呼吸道疾病等。因此,在作物生产过程中,要及时防除杂草。

(一)杂草与化学除草剂

杂草的种类:杂草的种类很多,我国农田杂草约有 500 余种,其中发生比较普遍的,危害较严重的约 150 余种。

化学除草剂的类型,按对作物作用方式分为,选择性除草剂,只能杀灭某一类植物,如 2,4-D 类只能杀灭单子叶植物。灭生性(非选择性)除草剂:能杀灭大多数植物,如百草枯,草甘膦。按使用方法分,茎叶处理剂:用于处理茎、叶的除草剂,烟嘧磺隆。土壤处理剂:通过杂草的根、芽鞘或下胚轴等部位吸收而产生毒效,如莠去津、乙草胺等。茎叶兼土壤处理剂:既可用于处理茎、叶,又能用于土壤处理的除草剂,如 2,4-D 等。

（二）几种常用除草剂的使用技术

1. 乙草胺安全使用技术要点

乙草胺是选择性芽前除草剂。1971 年由美国孟山都公司开发成功，是目前世界上最重要的除草剂品种之一，也是目前我国使用量最大的一种除草剂。主要通过单子叶植物的胚芽鞘或双子叶植物的下胚轴吸收，因此必须在杂草出土前施用。其作用机理是通过阻碍蛋白质合成而抑制细胞生长，使杂草幼芽、幼根生长停止，进而死亡。禾本科杂草吸收乙草胺的能力比阔叶杂草强，所以防除禾本科杂草的效果优于阔叶杂草。乙草胺在土壤中的持效期 45 天左右，故一次施药可基本控制整个生育期杂草的危害。

适用作物：乙草胺适用范围较广，主要适用作物为玉米、豆类，也可用于花生、马铃薯、油菜、大蒜、烟草、向日葵、蓖麻等作物。

防治对象：一年生禾本科杂草和部分小粒种子的阔叶杂草。对马唐、狗尾草、牛筋草、稗草、千金子、看麦娘、野燕麦、早熟禾、硬草、画眉草等一年生禾本科杂草有特效，对藜科、苋科、蓼科、鸭跖草、牛繁缕、菟丝子等阔叶杂草也有一定的防效，但是效果比对禾本科杂草差，对多年生杂草无效。

施用时期：于播种前或播种后出苗前使用。

药剂用量：严格按照标签标明剂量使用。其原则为：沙质土壤使用低剂量，黏质土壤使用高剂量；有机质含量超过 4％的土壤，用药量应提高 30％左右；土壤含水量高时，使用高剂量；土壤含水量低使用低剂量。

施药方法：应该选择上午或下午 3 时以后喷雾处理。

2. 2,4-D丁酯安全使用技术要点

2,4-D丁酯除草剂是一种苯氧乙酸类选择性激素类型的除草剂,低剂量(10～20毫克/千克)使用时有促进植物生长的作用,高剂量(100毫克/千克以上)使用时对阔叶类植物有较好杀灭效果。2,4-D丁酯展着性好,渗透性强,可被植物的根、茎、叶迅速吸收,穿透茎叶角质层和细胞膜,最后传到各部位,达到一定浓度时,会抑制核酸代谢和蛋白质合成,堵塞筛管,破坏生理活动,进而引起枯萎,导致死亡。正因为该除草剂良好的吸收性,所以不易被雨水冲刷掉,但在土壤中会很快分解、残效时间短,并且不影响倒茬。阔叶类植物(包括果树、蔬菜、五味子、向日葵、棉花、榆树、槐树等)对2,4-D丁酯极其敏感。

注意事项:①本品属激素类除草剂,应严格按照推荐剂量,采用标准的喷雾器压低喷头减压使用,禁止使用弥雾机和超低容量喷雾。每季作物使用一次。②该药挥发性强,应避免对邻近敏感作物造成药害,施药应在微风或无风天进行,要与敏感作物如油菜、瓜类、向日葵有一定距离(500米以上)。③不可与呈碱性的农药等物质混合使用。④使用本药剂的喷雾器及其他器具必须专用,否则要用碱水多次冲洗,在做试验后再对阔叶作物使用,以防药害。⑤使用本品时应穿戴防护服、口罩和手套,避免吸入药液。施药期间不可吃东西、喝水和吸烟。施药后应及时洗手和洗脸。⑥2,4-D丁酯使用条件严格,对土壤、温度、施药时间等都有严格的要求。2,4-D丁酯使用有很大的局限性,稍有不慎,则很容易产生药害。⑦禁止在河塘等水域内清洗施药器具或将清洗施药器具的废水倒入河流、池塘等水源。

3. 烟嘧磺隆安全使用技术要点

烟嘧磺隆是内吸性选择性玉米除草剂,可为杂草茎叶和根

部吸收,随后在植物体内传导,造成敏感植物生长停滞、茎叶褪绿、逐渐枯死,一般情况下 20～25 天死亡,但在气温较低的情况下对某些多年生杂草需较长的时间。在芽后 4 叶期以前施药药效好,苗大时施药药效下降。该药具有芽前除草活性,但活性较芽后低。可以防除一年生和多年生禾本科杂草、部分阔叶杂草。试验表明,对药敏感性强的杂草有稗草、狗尾草、野燕麦、反枝苋;敏感性中等的杂草有本氏蓼、蓳草、马齿苋、鸭舌草、苍耳和苘麻、莎草;敏感性较差的杂草主要有藜、龙葵、鸭趾草、地肤和鼬瓣花。

注意事项:①不同玉米品种对该药剂的敏感性有差异,其安全性顺序为马齿大于硬质玉米大于爆裂玉米大于甜玉米。甜玉米和爆裂玉米很敏感,一般玉米二叶期前及十叶期以后敏感,应避免使用。②对后茬小麦、大蒜、向日葵、苜蓿、马铃薯、大豆等无残留药害,但对小白菜、甜菜、菠菜等有药害。在粮菜间作或轮作地区,应做好对后茬蔬菜的药害试验。③与 2,4 - D 混用时,应避免药液飘移到附近其他阔叶作物上,而且喷雾器要专用。④用有机磷药剂处理过的玉米对该药剂敏感,两药剂的使用间隔期应 7 天左右。该药剂效无明显影响,不必重喷。⑤施药 6 小时后下雨,对药效无明显影响,不必重喷。⑥玉米最多使用次数 1 次,安全间隔期 30 天。

第四节　农作物检疫与农业防治法

一、农作物检疫

我国加入 WTO 后,随着国际经济贸易活动不断深入,农作物检疫工作就显得越来越重要。农作物检疫(plant quarantine)

是根据国家颁布的法令,设立专门机构,对国外输入和国内输出,以及国内地区之间调运的种子、苗木及农产品等进行检疫,禁止或限制危险性病、虫、杂草的传入和输出;或者在传入以后限制其传播,消灭其危害的措施。农作物检疫又称为法规防治,这是能从根本上杜绝危险性病、虫、杂草的来源和传播,最能体现贯彻"预防为主,综合防治"植保工作方针的一项重要措施。农作物检疫为一综合的管理体系,涉及法律规范、国际贸易、行政管理、技术保障和信息管理等诸多方面。

农作物检疫可分为对内检疫和对外检疫。对内检疫(国内检疫)是国内各级检疫机关,会同交通、运输、邮电、供销及其他有关部门,根据检疫条例,防止和消灭通过地区间的物资交换、调运种子、苗木及其他农产品而传播的危险性病、虫及杂草。我国对内检疫主要以产地检疫为主,道路检疫为辅。对外检疫(国际检疫)是国家在对外港口、国际机场及国际交通要道设立检疫机构,对进出口的植物及其产品进行检疫处理。防止国家新的或在国内还是局部发生的危险性病、虫及杂草的输入;同时也防止国内某些危险性的病、虫及杂草的输出。对内检疫是对外检疫的基础,对外检疫是对内检疫的保障。

在农作物检疫工作中,凡是被列入农作物检疫对象的,都是危险性的有害生物,它们的共同特点是:①国内或当地尚未发现或局部已发生而正在消灭的。②繁殖力强,适应性广,一旦传入对作物危害性大,经济损失严重,难以根除。③可人为随种子、苗木、农产品及包装物等运输,作远距离传播的。例如,地中海实蝇、水稻细菌性条斑病、毒麦和红火蚁等都是当前重要的农作物检疫对象,在疫区都给农林业生产带来了严重灾难。因此,在人员和商品流量大,植物繁殖材料调动频繁的情况下,强化农业农作物检疫执法工作的力度,对杜绝外来有害生物入侵,发展出口创汇农业生产,实现农业生产可持续发展,保护生产者利益,促进农民增收具有重大的意义。

二、农业防治法

农业防治法就是通过改进栽培技术措施,使环境条件不利于病虫害的发生,而有利于植物的生长发育,直接或间接地消灭或抑制植物病虫害的发生与为害。这种方法是最经济、最基本的防治方法,其最大优点是不需要过多的额外投入,且易与其他措施相配套,而且预防作用强,可以长久控制植物病虫害,它是综合防治的基础。其局限性有防治效果比较慢,对暴发性病虫的为害不能迅速控制,而且地域性、季节性较强等。

农业防治的主要措施如下所述。

(1)选用抗病虫品种。抗病虫品种是最经济有效的防治措施。目前我国在水稻、小麦、玉米、棉花、烟草等作物上已培育出一大批具有抗性的优良品种,随着现代生物技术的发展,利用基因工程等新技术培育抗性品种,将会在今后的有害生物综合治理中发挥更大作用。在抗病虫品种的利用上,要防止抗性品种的单一化种植,注意抗性品种轮换,合理布局具有不同抗性基因的品种,同时配以其他综合防治措施,提高利用抗病虫品种的效果,充分发挥作物自身对病虫害的调控作用。例如,通过不断培育和推广抗病虫品种,有效控制了常发的和难以防治的病虫害如锈病、白粉病、病毒病、稻瘟病和吸浆虫等,抗病虫品种已在生产中起了很大作用。

(2)改革耕作制度。实行合理的轮作倒茬可以恶化病虫发生的环境,例如,在四川推广以春茄子、中稻和秋花椰菜为主的"菜—稻—菜"水旱轮作种植模式,大大减轻了一些土传病害(如茄黄萎病)、地下害虫和水稻病虫的为害。正确的间、套作有助于天敌的生存繁衍或直接减少害虫的发生,如麦棉套种,可减少前期棉蚜迁入,麦收后又能增加棉株上的瓢虫数量,减轻棉蚜危害;合理调整作物布局可以造成病虫的病害循环或年生活史中某一段时间的寄主或食料缺乏,达到减轻危害的目的,这在水稻螟虫等害虫的控制中有重要作用。

(3)加强田间管理。综合运用各种农业技术措施,加强田间管理,有助于防治各种植物病虫害。一般而言,种植密度大,田间阴蔽,就会影响通风透光,导致湿度大,植物木质化速度慢,从而加重大多数高湿性病害和喜阴好湿性害虫的发生危害。因而合理密植不仅能使作物群体生长健壮整齐,提高对病虫的抵抗力,同时也使植株间通风透气好,湿度降低,有利于抑制纹枯病、菌核病和稻飞虱等病虫害的发生。科学管水,控制田间湿度,防止作物生长过嫩过绿,可以减轻多种病虫的发生。如稻田春耕灌水,可以杀死稻桩内越冬的螟虫;稻田适时排水晒田,可有效地控制稻瘿蚊、稻飞虱和水稻纹枯病等病虫的发生。连栋塑料温室可以利用风扇定时排湿,尽量减少作物表面结露,从而抑制病害发生。一般来说,氮肥过多,植物生长嫩绿,分支分蘖多,有利于大多数病虫的发生为害。采用测土配方施肥技术,肥料元素养分齐全、均衡,适合作物生长需求,作物抗病虫害能力明显增强,可显著地减轻蚜虫、稻瘟病、纹枯病和枯萎病等病虫害的发生,控制病虫害发病率,从而有利于控制化肥、农药的使用量,减少农作物有害成分的残留,保护农田生态环境。健康栽培措施是通过农事操作,清除农田内的有害生物及其滋生场所,改善农田生态环境,保持田园卫生,减少有害生物的发生为害。通过健康栽培措施,既可使植物生长健壮,又可以防止或减轻病虫害发生。主要措施有:植物的间苗、打杈、摘顶,清除田间的枯枝落叶、落果等各种植物残余物。例如,油菜开花期后,适时摘除病、老、黄叶,带出田外集中处理,有利于防治油菜菌核病。

田间杂草往往是病虫害的野生过渡寄主或越冬场所,清除杂草可以减少植物病虫害的侵染源。综上所述,健康栽培措施已成为一项有效的病虫害防治措施。此外,加强田间管理的措施还有:改进播种技术,采用组培脱毒育苗,翻土培土,嫁接防病和安全收获等。

第四章 作物病虫害及预防

第一节 玉米病虫害及预防

一、玉米大小斑病

（一）症状

1. 玉米大斑病

玉米整个生长期均可感病，抽穗以后病害逐渐严重。主要危害叶片，严重时也能危害苞叶和叶鞘。其最明显的特征是在叶片上形成大型的梭形病斑，病斑初期为灰绿色或水浸状的小斑点，随后病斑沿叶脉迅速扩大。在感病品种上，病斑长梭形，长5～20厘米，宽1～3厘米，灰绿色至黄褐色。当田间湿度大时，病斑表面密生一层灰黑色霉状物。抗病品种上病斑长2～3厘米，长椭圆形，并具黄绿色的边缘。叶鞘和苞叶上的病斑开始呈水浸状，形状不一，后变为长形或不规则形的暗褐色斑块，后期也产生灰黑色霉状物。受害玉米果穗松软，籽粒干瘪，穗柄紧缩干枯，严重时果穗倒挂。

从整株发病情况看，一般是下部叶片先发病，逐渐向上扩展，但在干旱年份也有中上部叶片先发病的。多雨年份病害发展很快，一个月左右即可造成整株枯死，籽粒皱秕，千粒重下降。

2. 玉米小斑病

从苗期到成株期均可发生,苗期发病较轻,玉米抽雄后发病逐渐加重。病菌主要危害叶片,严重时也可危害叶鞘、苞叶、果穗甚至籽粒。

叶片发病常从下部开始,逐渐向上蔓延。病斑初为水渍状小点,随后渐变黄褐色或红褐色,边缘颜色较深。根据不同品种对小斑病菌不同小种的反应常将病斑分成3种类型:①病斑椭圆形或长椭圆形,黄褐色,有较明显的紫褐色或深褐色边缘,病斑扩展受叶脉限制。②病斑椭圆形或纺锤形,灰色或黄色,无明显的深色边缘,病斑扩展不受叶脉限制。③病斑为坏死小斑点,黄褐色,周围具黄褐色晕圈,病斑一般不扩展。前两种为感病型病斑,后一种为抗病型病斑。感病类型病斑常相互联合致使整个叶片萎蔫,严重株提早枯死。天气潮湿或多雨季节,病斑上出现大量灰黑色霉层。

(二)病原

1. 大斑病

病原无性态为无性孢子类凸脐蠕孢属玉米大斑凸脐蠕孢菌。有性态为子囊菌门球腔菌属大斑刚毛球腔菌。分生孢子梗从气孔伸出,单生或2~6根丛生,不分枝,有隔膜,暗色,基部细胞膨大,色深,顶端渐细呈屈膝状,色较浅,并有孢子脱落留下的痕迹。分生孢子梭形,直或略向一方弯曲,脐明显突出于基细胞外,具2~8个隔膜,暗色。自然条件下很少发现玉米大斑病菌的有性态,但人工培养时可产生子囊壳。

根据致病力的不同,大斑病菌可分为两个专化型:高粱专化型和玉米专化型,前者除侵染高粱外,尚能侵染玉米、苏丹草和约翰逊草等,后者只侵染单基因玉米品系。

2. 小斑病

病原无性态为无性孢子类平脐蠕孢属玉蜀平脐蠕孢菌。有性态为子囊菌门旋孢腔菌属异旋孢腔菌。

分生孢子梗束生,从叶片气孔伸出,直立或曲膝状弯曲,褐色,有隔膜,不分枝,基细胞稍膨大,上端有明显孢痕。分生孢子长椭圆形,褐色,多向一端弯曲,具3~13个隔膜,脐点凹陷于基细胞之内。子囊壳可通过人工诱导产生,偶尔也可在枯死的病组织中发现。子囊壳黑色,球形,喙部明显,常埋在寄主病组织中,表面可长出菌丝体和分生孢子梗;子囊近圆筒状,顶端钝圆,基部具柄,内有4个线状无色子囊孢子。

病菌在自然条件下,除侵染玉米外,还可侵染高粱,人工接种也能危害大麦、小麦、燕麦、水稻、苏丹草、虎尾草、黑麦草、狗尾草、白茅、纤毛鹅观草、稗、马唐等禾本科植物。

（三）病害循环

玉米大斑病和小斑病的病害循环途径基本相同。两种病菌主要以菌丝体或分生孢子在田间的病残体、含有未腐烂的病残体的粪肥及种子上越冬。另外,大斑病菌的分生孢子越冬前和在越冬过程中,可形成抗逆力很强的厚垣孢子,也是大斑病菌初侵染来源之一。越冬病组织里的菌丝在适宜的温湿度条件下产生分生孢子,借风雨、气流传播到玉米的叶片上,在最适宜条件下,可萌发从表皮细胞直接侵入,少数从气孔侵入,侵入后5~7天可形成典型的病斑。在湿润的情况下,病斑上产生大量的分生孢子,随风雨、气流传播进行再侵染。在玉米生长期可以发生多次再侵染。

（四）防治措施

玉米大、小斑病的防治应采取以种植抗病品种为主,科学布局品种,减少菌源,增施农家肥,适期早播,合理密植等综合防治技术措施。

1. 选种抗(耐)病品种

我国抗大、小斑病玉米资源极其丰富,目前,已鉴定出一批抗病自交系和品种。抗大斑病的自交系,如风白29B、吉713、掖107、黄马牙等;抗小斑病的自交系,如 H84、C103、S25、太 183、C8605、黄早 4 等。由于不同时期及不同地区推广的抗病品种不同,各地可根据实际情况因地制宜加以利用。

2. 改进栽培技术,减少菌源

(1)适期早播可以缩短后期处于有利发病条件的生育时期。

(2)育苗移栽可以促使玉米雄壮生长、增强抗病力、避过高温多雨发病时期。

(3)增施基肥氮、磷、钾合理配合施用,及时进行追肥,尤其避免拔节和抽穗期脱肥,保证植株健壮生长。

(4)合理间作与矮秆作物,如小麦、大豆、花生、马铃薯和甘薯等实行间作,可减轻发病。

(5)搞好田间卫生玉米收获后彻底清除残株病叶,及时翻耕土地埋压病残体,减少初侵染源。

3. 药剂防治

玉米植株高大,田间作业困难,不易进行药剂防治,但适时药剂防治来保护价值较高的自交系或制种田玉米、高产试验田及特用玉米是病害综合防治不可缺少的重要环节。常用的药剂有:50%多菌灵、25%粉锈宁、10%世高、50%扑海因、12.5%特普唑和45%大生等。从新叶末期到抽雄期,施药期间隔7～10天,共喷2～3次。

二、玉米穗腐病

（一）症状

玉米穗腐病在田间自幼苗至成熟期都可发生，最典型的症状为种子霉烂、弱苗、茎腐、穗腐，其中，以穗腐的经济损失最为严重。

病菌黏附在种子表面，经播种后，受害重者不能发芽而霉烂，造成缺苗断垄；轻者出苗后生长细弱缓慢，形成弱苗。大田再侵染发病初期果穗花丝黑褐色，水浸状，穗轴顶端及籽粒变成黄褐色，粉红色或黑褐色，并扩展到果穗的 1/3～1/2 处，当多雨或湿度大时可扩展到全部果穗。患病的籽粒表面生有灰白色或淡红色霉层，白絮状或绒状，果穗松软，穗轴黑褐色，髓部浅黄色或粉红色，折断露出维管束组织。

（二）病原

玉米穗腐病为多种病原菌侵染引起的病害，主要由禾谷镰刀菌、串珠镰刀菌、青霉菌、曲霉菌、枝孢菌、单端孢菌等近 20 多种霉菌侵染引起。曲霉菌中的黄曲霉菌不仅为害玉米等多种粮食，还产生有毒代谢产物黄曲霉素，引起人和家禽中毒。

青霉菌属于子囊菌亚门青霉属，间有性生殖阶段，菌丝为多细胞分支。无性繁殖时，菌丝产生直立的多细胞分生孢子梗。梗的顶端具有可继续再分的指状分支，每枝顶端有 2～3 个瓶状细胞，其上各生一串灰绿色分生孢子。有性生殖极少见。

曲霉菌中常见的为黄曲霉，半知菌类，其最适生长温度为 25～40℃。菌落生长较快，结构疏松，表面灰绿色，背面无色或略呈褐色。菌体有许多复杂的分支菌丝构成，营养菌丝具有分隔；气生菌丝的一部分形成长而粗糙的分生孢子梗，顶端产生烧瓶形或近球形顶囊,表面产生许多小梗,小梗上着生成串的表面粗糙的球形分生孢子。

枝孢菌是一种能够产生分生孢子的霉菌,属于半知菌中的一种,菌落整体呈现深绿色,多见于活的或死掉的作物上。

（三）病害循环

病原菌从玉米苗期至种子贮藏期均可侵入与为害,而霉烂损失在果穗收获风干过程中。病菌以菌丝体、分生孢子或子囊孢子附着在种子、玉米根茬、茎秆、穗轴等植物病残体上腐生越冬。病菌主要从伤口侵入,翌年在多雨潮湿的条件下,分生孢子或子囊孢子借风雨传播,落在玉米花丝上兼性寄生,然后经花丝侵入穗轴及籽粒引起穗腐。

（四）防治措施

玉米穗腐病的初侵染来源广,湿度是关键,因此,在防治策略上,必须以农业措施为基础,充分利用抗（耐）病品种,改善贮存条件,农药灌心与喷施保护相结合的综合防治措施。

1. 选用抗病品种

选用对穗腐病具有优良抗性的亲本及组合,建立无病制种基地,培育健康种子。积极引进高产、抗耐病的新品种,对抗性差的品种不予引种。

2. 地膜覆盖,适期早播

采用地膜全覆盖或半覆盖,适期早播可使玉米提早成熟,降低易感病品种的穗轴和籽粒含水量,能有效减轻收获和贮存期的病菌感染。

3. 及时剥掉苞叶,早脱粒,防受潮霉变

玉米收获期多秋雨,收获后的果穗不要堆集过厚,应及早剥去苞叶,串挂在通风向阳处晾晒,对不能串挂的果穗应摊薄晾晒,经常翻动并防止雨淋。折断病果穗霉烂顶端,尽早脱粒,并在日光下晾晒或在土坑上烘干,以防籽粒进一步受病菌感染霉烂。

4. 处理玉米秸秆,降低初侵染源

玉米秸秆、穗轴、根茬大量累积是病原菌、玉米螟越冬的有利场所。所以,必须对玉米秸秆、穗轴、根茬及时采取喂(饲喂家畜)、氨化(氨化饲草)、粉(粉碎喂猪)、沤(沤制肥料或作为沼气填充料)、烧(烧坑做饭)的办法彻底处理,减轻病虫初侵染源。

5. 种子消毒

玉米种子表面带菌是重要的初侵染来源,在播种前精选种子,剔除秕小病籽,再使用药剂进行种子包衣可有效降低发病率。可用20%福克种衣剂包衣或30%多·福·克种衣剂包衣。

6. 化学药剂防治

(1)心叶期用50%辛硫磷和煤渣按1:15配成粒剂,每株灌心2克,或用Bt乳剂100克对水30千克喷雾,可有效防治玉米螟。

试验证明:玉米螟与穗粒腐病的混合发生率比穗粒腐病的单独发生率高1倍左右。

(2)大喇叭口期用20%井冈霉素可湿性粉剂或40%多菌灵可湿性粉剂每亩200克制成药土点心,可防治病菌浸染叶鞘和茎秆。

(3)吐丝期用65%的可湿性代森锌400～500倍液喷果穗,以预防病菌侵入果穗。

三、玉米螟

玉米螟俗称玉米钻心虫,是我国的一大害虫。在我国已知的有亚洲玉米螟和欧洲玉米螟两种,隶属鳞翅目,螟蛾科。在我国发生为害玉米的优势种是亚洲玉米螟。玉米螟寄主种类繁多,主要危害玉米、高粱、小米、棉、麻等作物,也能取食大麦、小麦、马铃薯、豆类、向日葵、甘蔗、甜菜、番茄、茄子等。

(一)形态特征及危害特点

1. 形态特征

成虫体长 13～15 毫米,雄蛾前翅黄褐色,内外横线锯齿状,两线间有 2 个小黑斑,外横线与外缘线之间有 1 条褐色横带;后翅灰黄色,亦有褐色横线,与前翅内外横线相连。雌蛾前翅淡黄色,内外横线及斑纹不及雄蛾明显;后翅黄白色;腹部较肥大。

卵扁椭圆形,初产乳白色,后为淡黄色,孵化前端部附近出现小黑点(幼虫头部),卵粒呈鱼鳞状排列,多为 4 排,边缘不整齐,一般有卵 30～40 粒;如被赤眼蜂寄生的卵粒则整个漆黑。

幼虫 5 龄,老熟幼虫体长 20～30 毫米,淡褐色或淡红色,腹面较淡;头壳及前胸背板深褐色有光泽,背线明显,暗褐色;体上毛片明显,圆形黄色,中后胸每节 4 个,腹部 1～8 节每节 6 个,前排 4 个较大,后排两个较小,第 9 腹节背面有毛片 3 个,排成 1 横排;腹足趾钩 3 序缺环。

蛹长纺锤形,黄褐色,头及腹部末端颜色较深;腹部背面 1～7 节有横皱纹,节具褐色小齿 1 横列,5～6 节腹面各有腹足遗痕 1 对;腹尾端臀棘黑褐色,顶端有 5～8 根钩刺,有些缠连。

2. 危害特点

玉米螟主要以幼虫钻蛀危害,其危害症状因虫龄、作物和生育期不同而异。玉米苗期受害造成枯心;喇叭口期取食心叶,被害叶伸出展开时可见一排排小孔,叫花叶;抽穗后钻蛀穗柄或茎秆,遇风吹折;穗期还会咬食玉米花丝和雌穗籽粒,引起霉烂,降低品质。亚洲玉米螟危害玉米造成的产量损失以心叶期最大，其次是抽穗期，乳熟期则较轻；心叶末期孵化的幼虫危害造成的损失又显着较心叶中期大。

（二）防治方法

玉米螟的防治应采用冬季秸秆处理和田间防治相结合的办法。在搞好冬季防治的同时，要抓好玉米心时末期的田间防治，一般春玉米以防治第1代为主，夏玉米以防第2代为主。

1. 越冬防治

在第2年4月玉米螟大量化蛹、羽化前，焚烧或粉碎玉米秸秆，或作饲料，消灭虫源，压低虫口基数；秋翻冬灌，破坏亚洲玉米螟的生活环境。

2. 物理防治

在亚洲玉米螟羽化期用频振式诱虫灯或黑光灯诱杀亚洲。一般在5月末开始，可设置黑光灯或高压汞灯在其产卵前诱杀玉米螟成虫；利用性诱剂在成虫交尾期诱杀成虫。

3. 生物防治

在玉米螟产卵初盛期（尚未孵化前）释放赤眼蜂，一般在亚洲玉米螟产卵期每亩放蜂1万～3万个，设4个放蜂点（每点相距13米，呈正方形），每点放一个蜂卡，放蜂时，使蜂卡的卵粒向内卷成圆筒，用大头针别在玉米植株从上向下数第3～4片叶的中部背面，最好分别在玉米螟产卵始、初盛和盛期进行3次放蜂。

还可利用微生物如白僵菌、苏云金杆菌防治亚洲玉米螟。可在早春越冬幼虫化蛹前用每克含50亿～100亿个孢子的自僵菌进行秸秆封垛，每立方米秸秆用菌500克，加水50千克，放入机动喷雾器中施用（蚕区禁用）；也可在用Bt乳剂15克同

3.5千克细砂拌匀,制成颗粒剂(蚕区禁用)。

4. 药剂防治

玉米心叶期可用毒土或颗粒剂撒入心叶内防治。按每亩用Bt乳剂150克加细砂粒3.5～5千克,根据砂粒干湿情况,用2千克左右的水先将150克Bt乳剂稀释,然后拌在砂粒中,制成颗粒剂,在心叶中期投入大喇叭口中,每株撒2～3克;或以每克含活分生孢子50亿～100亿个孢子的白僵菌粉,拌颗粒10～20倍,于心叶期撒入心叶丛中,每株1～2克;或2.5%敌百虫颗粒剂每千克可撒玉米500～600株;或0.3%辛硫磷颗粒剂,2～3克/株。

穗期防治应重点保护雌穗,可用50%敌敌畏乳油2 000倍液灌穗,每1千克药液可灌穗360个;或48%乐斯本乳油1 000倍或20%杀灭菊酯乳油3 000～3 500倍液喷雾防治。

四、玉米地下害虫

地下害虫是指活动为害期间生活在土壤中,为害农作物的地下部分或近地表部分的一类害虫。该类害虫种类繁多,我国地下害虫计有9目、38科约320余种,危害玉米的地下害虫主要是地老虎、蛴螬、蝼蛄、金针虫等。

地下害虫的分布、发生量及危害与土壤的理化性质,特别是土壤的质地、含水量、酸碱度有密切的关系。如金针虫、蛴螬等主要发生在地下水位较高、土壤湿度较大的地方;地老虎在沙壤土上发生量较大;蝼蛄、金针虫在有机质丰富的土壤中危害最重;金龟甲则喜中性或微酸性土壤,而在碱性土壤中发生轻。由于金针虫主要发生在长江以北地区,地老虎类和蛴螬类害虫已在其他章节中作了描述,下面主要对蝼蛄类进行描述。

蝼蛄属直翅目蝼蛄科,该虫喜居于温暖、潮湿、多腐殖质的壤土或沙土内，昼伏夜出活动为害，成虫、若虫均喜食刚发芽的种子，危害农玉米的幼苗根部、接近地面的嫩茎，被害部分呈丝状残缺，致使幼苗枯死；同时成虫、若虫在表土层内钻筑隧道，使幼苗根土分离失水而枯死。其中东方蝼蛄分布全国各省区，食性杂，对玉米和多种农作物和经济作物苗期危害甚重。

（一）形态特征

成虫体长 29～35 毫米，近纺锤形，浅茶褐色，密生细毛；前翅黄褐色，超过腹部末端；前足特化为开掘足，腿节下缘平直，后足胫节背内侧棘刺 3 个；有较强的趋光性，嗜食有香、甜味的腐烂有机质，喜马粪及湿润土壤。

卵椭圆形，初产灰白有光，后渐灰黄褐色，孵化前暗褐或暗紫色。

若虫 6 龄，初孵若虫乳白色，复眼淡红色，头、胸及足渐变暗褐色、腹部淡黄色；2 龄以上同成虫。

（二）防治方法

防治地下害虫应坚持农业防治与药剂防治相结合、播种期防治与生长期防治相结合、幼虫防治和成虫防治相结合的原则。

1. 农业防治

深翻土壤，精耕细作，合理轮作，消灭大量地下害虫；合理施肥，不施未腐熟的肥料，减少产卵量；清除地埂杂草，破坏地下害虫的生存条件，减轻危害；适时灌水，抑制地下害虫危害。

2. 物理防治

根据蝼蛄、金龟甲等害虫的趋光性，在成虫盛发期利用黑光灯诱杀；结合田间农事，人工捕杀。

3. 药剂防治

药剂拌种，目前的玉米种子大多数是经过药剂处理的包衣种,只有少数未处理的可用50%辛硫磷或50%甲胺磷乳剂500倍液拌种防治。

采用毒饵诱杀,可选用90%敌百虫晶体、40%甲基异柳磷乳油对水喷洒在切碎的菜叶上,或加炒香的麦麸、米糠对水适量拌均匀晾干,于傍晚撒施毒杀药剂喷雾防治,对成虫或低龄幼虫可采用喷雾防治,可用50%辛硫磷或90%敌百虫或2.5%敌杀死1 000～1 500倍液、48%乐斯本乳油1 000倍液或20%杀灭菊酯乳油3 000～3 500倍液喷雾防治。

五、玉米田杂草的防除技术

玉米是我国的主要粮食作物种植面积在2 000亿平方米左右,我国从海南岛至新疆维吾尔自治区北部,从台湾及沿海各省到甘肃、新疆维吾尔自治区以及青藏高原均有玉米种植。依据生长季节、自然条件、栽培制度等,我国玉米生产分为北方春播玉米区、黄淮夏播玉米区、西南山地玉米区、南方丘陵玉米区、西北灌溉玉米区和青藏高原玉米区6个玉米种植区。但主要集中分布在从东北走向西南狭长的半山丘陵地带,其种植总面积和总产量均占全国的85%以上,玉米种植面积最大的为山东省。

玉米依据播种的季节不同可分为春播玉米、夏播玉米。春玉米田主要杂草有稗草、狗尾草、金狗尾、马唐、藜、反枝苋等。夏玉米田杂草多达43种,其中,单子叶杂草12种,双子叶杂草31种,主要有反枝苋、稗草、马唐、铁苋草、牛筋草等。在四川省,玉米为一年两熟或两年三熟。主要杂草有马唐、辣子草、毛臂型草、绿狗尾、刺儿菜、凹头苋、金狗尾等。主要杂草群落有玉米—马唐+辣子草+凹头苋,玉米—辣子草+马唐+凹头苋,玉米—刺儿菜+马唐+辣子草。大部分杂草属于热带、温带杂草,杂草种类及类型繁多。为了防除玉米田杂草,广大农民朋友花费了大量的人力、物力。随着农业科技的发展及农业劳动力的大规模转移,采取省工、省力、省时的化学除草方法势在必行。现介绍一些玉米田常用的除草剂。

（一）乙草胺

乙草胺是我国生产量最大的一种除草剂。剂型有 50%乙草胺乳油、90%乙草胺乳油。

应用范围:乙草胺用于玉米田防除稗草、狗尾草、马唐、牛劲草、看麦娘、旱熟禾、千金子、硬草、野燕麦、毛臂型草、金狗尾草等一年生禾本科杂草和一些阔叶杂草,如藜、反枝苋等,而对铁苋菜等防效差。

使用方法:在玉米播种后出苗前使用,每亩用药量为150～200 毫升,加水 40～50 千克均匀喷雾。该除草剂对大豆、花生安全,故适用于玉米与大豆、花生间作的地块。同时 50%乙草胺乳油 100～150 毫升加莠去津悬浮剂 100～150 毫升或加75%宝收干悬浮剂 1～1.3 克或 72%2,4－D 丁酯乳油 50～75毫升,加水 40～50 千克制成混合剂,可以扩大杀草谱,对阔叶杂草如铁苋草、鸭跖草有较好的防效效果。另外,市场上已有乙草胺和莠去津混合制剂 40%乙阿合剂胶悬剂。

注意事项:乙草胺主要防治一年生禾本科杂草,对双子叶杂草防效较差。喷施药剂前后,土壤宜保持湿润,以确保药效,但土壤湿度太大易造成玉米药害。

（二）拉索

其通用名是甲草胺,又名草不绿。

拉索是选择性芽前除草剂,可被植物幼芽吸收,使杂草幼芽期不出土即被杀死。

应用范围:拉索用于玉米田播后苗前土壤处理,可有效防除马唐、千金子、稗草、反枝苋等杂草,但对铁苋菜防效差。

使用方法:在玉米播种后出苗前进行土壤处理使用,每亩用43％拉索乳油150～300毫升,对水30～35千克,均匀喷雾。拉索对大豆安全,因此适用于玉米、大豆间作地块的化学除草。也可以1:1的比例与莠去津或赛克津等混合,对阔叶杂草有较好的防除效果。

注意事项:拉索乳油具可燃性,应在空气流通处操作。切勿存放于高温或有明火的地方。

(三)除草通

又名施田补、二甲戊灵、胺硝草,剂型为33％乳油。

应用范围:除草通用于玉米田防除稗草、马唐、狗尾草、牛筋草、早熟禾等禾本科杂草及藜、反枝苋等阔叶杂草,对小麦自生苗、铁苋菜及蓼科杂草防效较差。

使用方法:在玉米播种前后和苗后早期均可使用。若为播后苗前施药,必须在玉米播种后出苗前5天内用药,若玉米苗后施药,必须在玉米苗后早期阔叶杂草长出两片2叶、禾本科杂草1.5叶期之前进行。33％除草通乳油的每亩用药量为150～200毫升,加水40～50千克,均匀喷雾即可。另外,它还可与莠去津、百草敌等混用,以提高对鸭草、龙葵等阔叶杂草的防除效果。

注意事项:如果施药时土壤干旱,可增加用药时的加水量,或用药后浅浇一次水或药后混土。除草通对鱼有毒,用药后清洗药械时应防止药剂污染水源。

(四)异丙甲草胺

又名都尔、甲氧毒草胺。剂型有72％异丙甲草胺乳油、72％都尔乳油、96％异丙甲草胺乳油。

应用范围:可用于玉米田防除马唐、狗尾草、牛筋草、早熟禾等一年生禾本科杂草和铁苋菜酸浆属等阔叶杂草如藜、反枝苋等，对某些阔叶杂草防效较差。

使用方法：与乙草胺相同，主要用于玉米播前后的土壤处理，用药量每亩用 72%异丙甲草胺乳油 150～330 毫升，加水 40～50 千克，均匀喷雾即可。另外，它还可与莠去津、麦草畏等混用，以提高对阔叶杂草的效果。目前，市场销售的 50%都阿合胶悬剂即为异丙甲草胺与莠去津的混合制剂，对大部分禾本科杂草及阔叶杂草均有良好防效。

注意事项：异丙甲草胺残效期一般为 30～35 天，所以一次人工除草或玉米生育后期行间定向喷施 20%百草枯水剂 100 毫升/亩，才能有效控制作物全生育期的杂草危害。

（五）丁草胺

剂型有 50%、60%乳油。

使用方法：在玉米播种后出苗前使用，每亩用药量为 60%丁草胺 125～150 毫升或 50%丁草胺 150～185 毫升。丁草胺对大豆、花生安全，故适用于玉米与大豆、花生间作的地块。

（六）乙莠水

是莠去津与乙草胺的混配剂。

使用方法：在玉米播种后出苗前使用，每亩用量 200～300 毫升。

注意事项：乙莠水不能用于玉米与大豆、花生间作的地块，只适用于玉米单作的地块。

（七）克草灵 45%悬乳剂

该剂是山东莱阳农学院开发成功的一种除草混配剂，是用于防除玉米田混生杂草群落的新型、安全、高效除草剂。经过 3 年的大田试验证明，克草灵一次使用即可防除夏玉米田间所有种类的杂草,除草效果达 90％以上,持效期 60 天。

使用方法:最佳使用时期是玉米出苗前或玉米出苗后 10～15 天,每亩用药量 200～250 毫升。药剂使用前要充分摇匀,药剂加入喷雾器内对水后也要搅拌均匀,对水量每亩 30～35 千克。

注意事项:要选择无风天气使用,以防止药液飘移到敏感作物如大豆、花生、棉花上造成药害。

（八）莠去津

又名阿特拉津,剂型有 38％悬浮剂、50％可湿性粉剂。

应用范围:用于玉米田防除稗草、狗尾草、牛劲草、马齿苋、反枝苋、猪毛菜等杂草,对小麦—玉米一年两熟夏玉米田的小麦自生苗有很好的防效,对马唐、铁苋菜等防效稍差。

使用方法:在玉米播种后出苗前使用,即玉米播种后马上喷施莠去津,每亩用药量为 200～300 毫升。

注意事项:莠去津在土壤中持效期较长,施药量过大时易伤害后茬敏感作物(如大豆、油菜等),所以一般采用茎叶喷雾的方法去除杂草,时间在玉米 3～5 叶期,杂草 2～3 叶期。

第二节 小麦病虫害及预防

一、小麦白粉病

（一）症状

小麦白粉病在各个生育期均可发生,主要危害叶片和叶鞘,严重时也可危害茎秆及穗部。通常叶面病斑多于叶背,下部叶片较上部叶片受害重。病部开始出现黄色小点,然后逐渐扩大为圆形或椭圆形的病斑,上面生有一层白粉状霉层,后期霉层变为灰白色或灰褐色,其中生有许多黑色小点(闭囊壳),病斑多时可愈合成片,并导致叶片发黄枯死,茎秆和叶鞘受害后植株易倒伏。发病严重时,叶片上长满霉层,叶片枯死,植株矮小细弱,穗小粒少,严重影响产量。

(二)病原

病原无性态为半知菌亚门粉孢属串珠粉状孢菌;病原有性态为子囊菌门布氏白粉菌属禾本科布氏白粉菌小麦专化型,属活体专性寄生菌。病菌为表面寄生菌,菌丝无色,上垂直生成分生孢子梗,梗基部膨大成球形,梗上串生卵圆形或椭圆形分生孢子,单胞,无色。闭囊壳球形至扁球形,暗褐色至黑色,外有短丝状附属丝。壳内含卵形至长椭圆形子囊,子囊孢子卵形至椭圆形,单胞,无色。

麦类白粉菌可以危害小麦、大麦、燕麦、黑麦等麦类作物以及一些禾草。

(三)病害循环

病菌在夏季气温较低的地区,以分生孢子或菌丝在自生麦苗或夏播小麦上越夏,在低温干燥地区,则以闭囊壳混杂于小麦种子内或在病残体上越夏。秋苗受越夏菌源侵染发病后,病菌以菌丝体潜伏在植株下部叶片或叶鞘内越冬,也可以分生孢子形态越冬。早春气温回升,小麦返青后,潜伏越冬的病菌产生大量菌丝,随后形成分生孢子梗并生产大量的分生孢子。分生孢子成熟后脱落,借气流向周围传播引起多次再侵染。

(四)防治措施

白粉病的防治应采取以推广抗病品种为主,辅以减少菌源、栽培防病和药剂防治的综合措施。

1. 选用抗病或耐病品种

近年来我国在小麦抗白粉病品种的选育、筛选和签订方面做了大量工作，选育出了一批抗病品种（系），其中，抗性较好的品种有：郑州 831、白兔 3 号、百农 64 等。各地发现的慢粉性品种有：望水白、豫麦 41 号、宁 9131 等，耐病品种有铁青 1 号等。可因地制宜选择抗、耐病品种种植。

2. 减少菌源

由于自生麦苗上的分生孢子和带病麦秸上的闭囊壳是小麦秋苗的主要初侵染源，因此，麦收后应深翻土壤、清除病株残体；麦播前要尽可能铲除自生麦苗，以减少菌源，降低秋苗发病率，以减少翌春的初侵染源。

3. 农业防治

适时适量播种，控制田间群体密度，改善田间通风透光，增强植株抗病能力，减少早春分蘖发病；根据土壤肥力状况控制氮肥用量，增施有机肥和磷钾肥，避免偏施氮肥造成麦苗旺长而感病；合理灌水，降低田间湿度，如遇干旱，则须及时浇水，促进植株生长，提高抗病能力。

4. 药剂防治

药剂防治包括播种期种子处理和生长期喷药防治，多数地区孕穗末期至抽穗初期施药，防治效果最佳。①拌种：在秋苗发病严重的地区，可在播种期用三唑酮或戊唑醇拌种，能有效地控制苗期白粉病的发生。②生长期喷药防治：在春季发病初期病情指数 1 以上或病叶率达到 10%，要及时进行喷药防治，可用三唑酮、烯唑醇、敌力脱等交替使用或合理混用。

二、小麦锈病

（一）小麦条锈病

（1）症状：条锈病主要危害叶片，严重时也危害叶鞘、茎秆和穗部。病叶上初形成褪绿斑点，后逐渐形成隆起的黄色疱渗斑（夏孢子堆）。夏孢子堆较小，椭圆形，鲜黄色，与叶脉平行排列成整齐的虚线条状。后期寄主表皮破裂，散出鲜黄色粉末（夏孢子）。小麦近成熟时，在病部出现较扁平的短线条状黑褐色斑点（冬孢子堆），表皮不破裂。

（2）病原：病原是担子菌门柄锈菌属条形柄锈菌小麦专化型。夏孢子球形或卵圆形，淡黄色，表面有微刺，芽孔排列不规则。冬孢子棍棒状，双细胞，横隔处有缢缩，顶端平截或略圆，褐色，下端色浅，具短柄。条锈病菌耐寒力强，发育与侵入所要求的温度均较低，但不耐高温。病菌主要寄生于小麦上，有些小种还可侵染大麦、黑麦和杂草。

（3）病害循环：条锈病菌为活体营养生物，病菌夏孢子完成病害循环可分为越夏、侵染秋苗、越冬及春季流行4个环节。小麦条锈菌在我国西北部夏季最热月份旬均温在20℃以下的地区越夏。秋季越夏的菌源随气流传到我国冬麦区危害秋苗，一般秋苗距越夏菌源近、播种早则发病重。当平均气温降至2℃时，条锈菌开始进入越冬阶段，一月份平均气温低于$-7\sim-6℃$的德州、石家庄以北，病菌不能越冬，而这一线以南地区可以菌丝状态在病叶里越冬。翌年小麦返青后，越冬病叶中的菌丝体复苏扩展，当旬均温上升至5℃时显症产孢，如遇春雨或结露，病害扩展蔓延迅速，引起春季流行，成为该病主要为害时期。

（二）小麦叶锈病

（1）症状：叶锈病一般只发生在叶片上，有时也危害叶鞘，但很少危害茎秆或穗。叶片受害,产生圆形或近圆形橘红色夏孢子堆,表皮破裂后,散出黄褐色粉末(夏孢子)。叶锈病夏孢子堆较小,不规则散生,多发生在叶片正面。有时病菌可穿透叶片,在叶片两面同时形成夏孢子堆。后期在叶背面产生暗褐色至深褐色、椭圆形的冬孢子堆,散生或排列成条状。

(2)病原:病原是担子菌门柄锈菌属隐匿柄锈菌小麦专化型。病菌夏孢子圆形或近圆形,单胞,黄褐色,有6~8个散生的发芽孔,表面有微刺。冬孢子椭圆至棍棒形,双胞,上宽下窄,顶端通常平截或倾斜,暗褐色。

叶锈病菌对环境的适应性较强,夏孢子萌发和侵入最适温度为15~20℃对湿度的要求不很严格,夏孢子在相对湿度95%时即可萌发。

(3)病害循环:叶锈病菌越夏和越冬的地区较广,我国大部分麦区小麦收获后,病菌转移到自生麦苗上越夏,冬小麦秋播出土后,病菌从自生麦苗转移到秋苗上危害,并以菌丝体潜伏在叶组织内越冬。冬季寒冷地区,秋苗易被冻死,病菌的越冬率很低;冬季较温暖地区,病菌越冬率较高。小麦叶锈菌越冬后,当早春旬平均气温上升到5℃时,潜育病叶开始复苏显症,产生夏孢子,借助于气流向周围传播,夏孢子萌发后长出芽管,从气孔侵入寄主细胞,进行再侵染,但此时叶锈菌发展很慢。当旬平均温度稳定在10℃以上时,才能较顺利地侵染新生叶片,发病率明显上升,进入春季流行的盛发期。

(三)小麦秆锈病

(1)症状:秆锈病主要危害叶鞘、茎秆及叶片,严重时麦穗的颖片和芒上也有发生。受害部位产生的夏孢子堆较大,长椭圆形,红褐色,排列不规则,表皮很早破裂并外翻,大量的锈褐色夏孢子向外扩散。小麦成熟前,在夏孢子堆中或其附近产生长椭圆形或长条形的黑色冬孢子堆,后期表皮破裂。发生在叶片上的孢子堆穿透能力较强,导致同一侵染点叶片两面均出现孢子堆,且叶背面的孢子堆一般比正面的大。

(2)病原:小麦秆锈菌为担子菌门柄锈菌属禾柄锈菌小麦专化型,是转主寄生的长生活史型锈菌。在小麦上形成夏孢子和冬孢子,冬孢子萌发后产生担孢子,侵染小檗和十大功劳等转主寄主,并在转主寄主上产生性孢子和锈孢子。但在我国,病菌主要以夏孢子世代不断危害小麦,并在小麦上越冬、越夏,完成病害循环。

夏孢子卵圆形或长椭圆形,红褐色,单胞,中腰部有 4 个芽孔,胞壁上有明显的棘状突起。冬孢子椭圆形或棍棒形,黑褐色,双细胞,上宽下窄,横隔处稍缢缩,表面光滑,顶端圆或圆锥形,柄较长,上端黄褐色,下端近无色。

(3)病害循环:小麦秆锈病菌夏孢子不耐寒冷,在北部麦区不能越冬。据考察,病菌主要在福建、广东等东南沿海地区和云南南部地区越冬,在山东半岛和江苏徐淮地区病菌越冬率极低。病菌主要在西北、西南等高寒地区的晚熟春小麦和自生麦苗上越夏,也可在部分平原麦区如山东胶东、江苏淮北等地冬小麦自生麦苗上越夏。春季、夏季,越冬区的菌源自南向北、向西逐步传播,经由长江流域、华北平原到东北、西北及内蒙古自治区等地的春麦区,造成全国大范围的春季、夏季流行。

(四)小麦锈病防治

锈病的防治应采取以种植抗病品种为主,加强栽培管理,适时药剂防治的综合防治措施。

(1)合理利用抗病品种:选育和种植抗病品种是防治锈病最为经济有效的措施。各地要在弄清当地病菌小种种群结构的基础上,进行抗病品种的合理布局,要避免大面积长期种植单一抗病品种。在一个地区,轮换种植具有不同抗性基因的抗病品种,或同时种植具有不同抗性基因的多个品种,使抗性基因多样化,延长抗病品种的使用年限。

(2)加强栽培管理:消灭自生麦苗,减少越夏菌源;在秋苗易发生叶锈病的地区,避免过早播种,可显著减轻秋苗发病;合理密植和适量、适时追肥,避免过多、过迟施用氮肥;锈病发生时,南方多雨麦区要开沟排水;北方干旱麦区要及时灌水,可补充因锈菌破坏叶面而蒸腾掉的大量水分,减轻产量损失。

(3)药剂防治:药剂防治是减轻病害的重要辅助措施,其主要目的是控制秋苗菌源和春季流行。三唑酮是目前普遍使用的防治锈病的有效药剂。在秋苗常发病区,用种子重量 0.03%(有效成分)拌种,播种后 45 天仍保持 90%左右的防效(注意超过药量易发生药害,会降低出苗率)。也可用戊唑醇等药剂拌种。秋苗发病早的地区或田块,每公顷用三唑酮 60～120 克(有效成分)或烯唑醇(2～4 克/亩,有效成分)对幼苗喷药。拔节至抽穗期,要在发病初期及时喷洒三唑酮等药剂以消灭发病中心或进行全面防治。一般施药 1 次即可,如果流行时间早,流行速度快,品种又比较感病时,则需喷药 2～3 次。此外,三唑类杀菌剂还可兼治白粉病、叶枯病、黑穗病等。

三、小麦赤霉病

小麦赤霉病是世界温暖潮湿和半潮湿地区麦田广泛发生的一种毁灭性病害,发病后秆、粒皱缩,一般可减严 10%～20%,严重时达 80%～90%,甚至颗粒无收。感病籽粒还可以产生多种毒素,人畜误食病粒后会引起中毒。

(一)症状

小麦苗期至穗期均可发生,引起苗枯、茎基腐、秆腐和穗腐,其中危害最严重的是穗腐。幼苗受害后芽鞘和根鞘上呈黄褐色水渍状腐烂，导致苗枯，湿度大时可产生粉红色霉层。茎基腐从幼苗出土至成熟均可发生，茎基部受害先变为褐色，后变软腐烂，造成整株死亡。秆腐多发生在穗下第一、第二节，初在旗叶的叶鞘上出现水渍状褪绿斑，后扩展为淡褐色至红褐色不规则形斑或向茎内扩展。病情严重时，造成病部以上枯黄，有时不能抽穗或抽出枯黄穗，刮风时病株易折断。穗腐于小麦扬花后出现，初在小穗和颖片产生水渍状浅褐色斑，然后沿主穗轴上下扩展至整个小穗。湿度大时，发病小穗颖缝处产生粉红色胶状霉层（分生孢子座及分生孢子），后期病部产生蓝黑色小颗粒（子囊壳）。空气干燥时，病部和病部以上枯死，形成枯白穗。

（二）病原

病原无性态为半知菌亚门镰孢属禾谷镰刀菌；有性态为子囊菌门赤霉属玉蜀黍赤霉。此外，多种其他镰刀菌如黄色镰刀菌、燕麦镰刀菌、串珠镰刀菌和锐顶镰刀菌等均可以引起赤霉病。在北美和我国等温暖的地区病菌优势种为禾谷镰刀菌，但在欧洲北部冷凉的地区则以黄色镰刀菌为主。

禾谷镰刀菌分生孢子产生于分生孢子座的单生的侧生瓶梗或反复分支的末端瓶梗上，大型分生孢子镰刀形，略弯曲，基部有明显的踵状足胞（脚胞），通常具 3～6 个隔膜，单个孢子无色，聚集时呈粉红色黏稠状。一般不产生小型分生孢子和厚垣孢子。子囊壳球形或近球形，深蓝至紫黑色，顶部有瘤状突起，其上有孔口；子囊无色，棍棒状，基部有短柄，内含 8 个纺锤形子囊孢子，无色，两端钝圆，多具 3 个隔膜。病菌生长发育需要高温、高湿条件。

禾谷镰刀菌寄主范围很广，目前，已发现其自然寄主和杂草60 多种。除危害小麦外，还可侵染大麦、燕麦、黑麦、水稻、玉米、高粱等多种禾本科作物以及鹅冠草、稗草、狗尾草等禾本科杂草。此外,还可侵染大豆、棉花、甘蔗、甜菜、茄子、紫云英、苜蓿、甘薯等多种作物。

（三）病害循环

小麦赤霉病菌以子囊壳、菌丝体在土壤、带菌种子、病残体和棉花、玉米等寄主植物上越冬、越夏。病残体上产生的子囊孢子和分生孢子是下一个生长季的主要初侵染源。此外,种子带菌是造成苗枯的主要元凶,土壤中病菌多则利于产生茎基腐症状。子囊壳成熟后,遇水滴或相对湿度≥98％的条件即能释放子囊孢子,借气流和风雨传播。

小麦抽穗后至扬花末期最易受病菌侵染,赤霉病菌最先侵染的部位是花药,其次是颖片,孢子萌发后产生菌丝,向周围扩增蔓延导致小穗发病。之后菌丝逐渐向水平方向的相邻小穗扩展,也可向垂直方向穿透小穗轴进而侵害穗轴输导组织,导致侵染点以上的病穗出现枯萎。潮湿条件下病部可产生分生孢子,借气流和雨水传播进行再侵染。

（四）防治措施

防治小麦赤霉病应采取以充分利用抗（耐）病品种为基础、适时喷施化学药剂为重点,结合农业防治和减少初侵染来源的综合防治措施。

（1）选用抗（耐）病品种。虽尚未发现对赤霉病免疫的小麦品种,但最近选育了一批抗病且农艺性状较好的抗病品种（系）,如生抗1号、扬麦9号、长江8809、豫麦36等。此外,可根据品种的避病性,选用早熟或特早熟品种,使抽穗扬花期避过有利发病的气候条件,也可减轻病害。

（2）加强农业防治,减少菌源数量。抽穗至扬花期是病菌侵染的最适时期,因此可适时早播,使花期提前,避开发病有利时期;播种前清除病残体并翻耕灭茬,减少田间菌源数量;播种时要精选种子,减少种子带菌率;控制播种量,避免植株群体过于密集和通风透光不良;增施磷、钾肥,控制氮肥施用量,防止倒伏和早衰;小麦扬花期应少灌水,多雨地区要注意排水降湿,避免制造有利于小麦赤霉病的发病条件;小麦成熟后要及时收割,尽快脱粒晒干,保持仓内较低的湿度,减少霉变造成的损失。

(3)药剂防治。小麦赤霉病药剂防治最佳时间为扬花期。遇穗期高温的年份,小麦边抽穗边扬花,应于齐穗期施药。常用药剂为多菌灵和甲基硫菌灵等内吸杀菌剂。对多菌灵出现抗性的地区可使用戊唑醇、烯唑醇、叶菌唑、咪鲜胺等三唑类或咪唑类杀菌剂,或与之交替使用。

四、小麦蚜虫

蚜虫隶属同翅目,蚜科,我国发生较普遍、严重危害的有麦长管蚜、禾谷缢管蚜、麦二叉蚜 3 种。其中,麦二叉蚜分布偏北,在西北和华北冬麦区危害严重;禾谷缢管蚜在南方冬麦区常易成灾;麦长管蚜在南北麦区均可造成危害。

(一)形态特征及为害特点

1. 形态特征

麦长管蚜有翅胎生雌蚜体长 2.4～2.8 毫米,头胸部暗绿色或暗褐色,腹部黄绿色至绿色,腹背两侧各有褐斑 4～5 个;触角比体长,第 3 节有 6～18 个感觉圈;前翅中脉分三叉;腹管很长,黑色,端部有网状纹;尾片管状极长,与腹部同色,具长毛 3～4 对;无翅胎生雌蚜体长 2.3～2.9 毫米,体绿色或淡绿色,腹背两侧各有褐斑 6 个;触角与体等长或稍长,第 3 节有 0～4 个感觉圈,第 6 节鞭部为基部的 5 倍。

禾谷缢管蚜有翅胎生雌蚜体长 1.6 毫米,头胸部黑色,腹部暗绿色带紫褐色,腹背后方具红色晕斑 2 个;触角比体短,第 3 节有 20～30 个感觉圈;前翅中脉分三叉;腹管近圆筒形,黑色,具覆瓦状纹;尾片圆锥形,与体同色,具长毛 3～4 对。无翅胎生雌蚜体长 1.7～1.8 毫米,暗褐色或深紫褐色;腹部后方有红色晕斑;触角仅为体长的一半,第 3 节无感觉圈,第六节鞭部为基部的 2 倍。

麦二叉蚜有翅胎生雌蚜体长 1.8～2.3 毫米,头胸灰黑色,腹部为暗绿色,腹部背部中央有 1 条深绿色纵纹;触角比体短,第 3 节有 5～8 个感觉圈;前翅中脉分二叉;腹管中等长度,淡绿色,端部暗褐色,末端缢缩向内倾斜;尾片圆锥形,中等长,黑色,具长毛 2 对。无翅胎生雌蚜体长 1.4～2.0 毫米,体淡黄色至绿色,腹部背部中央有 1 条深绿色纵纹;触角短,约为体长的一半或稍长。

2. 为害特点

麦蚜以刺吸口器吮吸麦株茎、叶和嫩穗汁液,苗期受害处呈浅黄色斑点,严重时叶片发黄,甚至整株枯死;穗期危害,造成灌浆不足,籽粒秕瘦,千粒重下降,品质变坏(粗蛋白、氨基酸、维生素均下降);另还传播植物病毒病,其中以传播小麦黄矮病危害最大。

(二)防治方法

麦蚜的防治应以农业防治为基础,抓好关键时期的药剂防治。在麦二叉蚜常发和黄矮病流行区,要抓好预防工作,关键是抓好秋苗期和返青、拔节期的防治,麦长管蚜的防治适期以扬花末期最佳。

1. 农业防治

结合积肥,在播种前清除小麦田附近早熟禾等禾本科杂草,对于防止小麦蚜早期迁入也有一定的作用;适时冬灌,早春耙磨镇压,杀伤麦蚜防止早期为害;调整播期,冬麦适当迟播,春麦区适当早播;增施基肥和追施速效肥,促进麦苗生长健壮,增强抗蚜能力。

2. 药剂防治

在病毒病流行地区,应掌握在有蚜株率 5%、百株蚜量 10头左右时用药;在无病毒病地区,可掌握在有蚜株率 10%～15%时用药防治。可选用 10%吡虫啉可湿性粉剂 3 000 倍液、20%氰戊菊酯乳油 2 000 倍液、25%抗蚜威可湿性粉剂 1 500倍液喷雾。

五、小麦蝽类

小麦蝽类害虫主要有麦根蝽象、赤须盲蝽等半翅目昆虫。除为害小麦外,他们还取食玉米、高粱、谷子、小麦及禾本科杂草等。

(一)形态特征

(1)麦根蝽象:属半翅目,土蝽科,别名根土蝽、地臭虫等。分布在我国华北、东北、西北及台湾等地。以成、若虫刺吸小麦根部的汁液,受害小麦叶黄、秆枯、炸芒,提早半个月枯死,致穗小粒少,千粒重明显下降。

成虫体长 5 毫米,近椭圆形,橘红至深红色,有光泽;触角 5节,复眼浅红色,1 对单眼黄褐色,头顶前缘具 1 排短刺横列;前足腿节短,胫节略长,跗节黑褐色变为"爪钩";中足腿节较粗壮,胫节似短棒状,外侧前缘具 1 排扫帚状毛刺;后足腿节粗壮。

（2）赤须盲蝽：属半翅目，盲蝽科，以成、若虫用刺吸式口器吸食小麦等寄主植物叶片汁液，被害麦苗出现枯心，或叶片上显现白斑，以后扭曲为辫子状，严重的叶片干枯，最后导致整株小麦干枯死亡，后期为害可造成白穗及秕粒。

成虫体细长，长5～6毫米，鲜绿色或黄绿色；头部略呈三角形，顶端向前突出，头顶中央有1条纵沟；触角细长4节，等于或略短于体长，红色（故称赤须盲蝽）；喙4节；前胸背板梯形，具暗色条纹4个，前缘具不完整的鳞片；小盾片黄绿色，基部不被前胸背板后缘所覆盖；前翅革质部与体色相同，膜质部透明，后翅白色透明；足黄绿色，胫节末端及跗节暗色。

（二）防治方法

1. 农业防治

实行小麦与非禾本科作物轮作；及时深翻灭茬，早春清除地边、沟内的杂草，集中深埋或烧毁等，可减少越冬虫源。

2. 药剂防治

播前施用3％甲基异柳磷颗粒剂，每亩用量3千克，撒在播种沟内进行土壤处理；或在2～3龄若虫盛期选用10％吡虫啉可湿性粉剂、4.5％高效氯氰菊酯乳油、40％毒死蜱乳油、5％锐劲特乳油2 000倍液喷雾，或2.5％溴氰菊酯乳油2 500倍液，或1.2％苦·烟乳油800倍液等喷雾防治。

六、麦田禾本科杂草的防除

小麦在世界上分布最广，是我国主要粮食作物之一。其种植面积约为3 000亿平方米，而遭受杂草危害的面积就有1 000亿平方米。由于麦田杂草种类多、分布广、生长快、密度大、繁殖快，与小麦争夺水、肥、光照和生存空间，且传播小麦病虫害，严重地影响小麦的生长发育,一般可使小麦减产 8%～15%。由于各地区、地块间杂草种类不尽相同,小麦田的主要杂草有野燕麦、猪秧秧、看麦娘、牛繁缕、稗草、播娘蒿、大巢菜、刺儿菜、田旋花、荞菜、王不留行、扁蓄等,不同杂草对除草剂敏感度也不同。因此,查清本地区本地块主要杂草种类发生情况,选择对路的除草剂,方可达到理想的除草效果。

1. 骠马

小麦出苗后施药。不需考虑小麦的生长期,以野燕麦在 2 叶期至分蘖中期为最佳施药期。用 6.9%骠马浓乳剂 40～60 毫升/亩或 10%骠马乳油 30～40 千克/亩,加水 20～30 千克均匀喷雾。当禾本科杂草叶龄较大时,可适当增加用药量。对小麦安全,对后茬作物也没影响。

2. 禾草灵

麦田禾本科杂草叶龄在 2～4 叶期为最佳施药期。用 36%禾草灵乳油 130～180 毫升,加水 30 千克,进行叶面处理。施药后 10 天左右,杂草叶部出现褪绿斑点,斑点逐渐扩大至杂草枯死。

3. 绿麦隆

绿麦隆可用于小麦、大麦田防除看麦娘、硬草、棒头草、野燕麦、早熟禾、稗草、狗尾草等禾本科杂草和猪秧秧、藜、繁缕、苍耳、波斯婆婆纳等阔叶杂草。在小麦、大麦播后苗前,每亩用 25%绿麦隆可湿性粉剂 200～400 克,加水 50 千克,均匀喷雾地面。

小麦 1 叶 1 心至 2 叶期施药。用 25%绿麦隆可湿性粉剂 20 克/亩,加水 20 千克,均匀喷洒于茎叶。使用时应先将药剂加入少量水调成糊状,再加水稀释,喷雾时注意摇动药桶,以防药物沉淀,影响喷雾质量和效果。施药时浓度高,土壤墒情好,除草效果好。

4. 绿磺隆

也可用于麦田防除马唐、稗草等禾本科杂草及藜、蓼、苋等阔叶杂草。每亩用10％绿磺隆可湿性粉剂10～20克,加水30千克均匀喷洒,由于药性高,用药少,所以必须准确称量,搅拌均匀,以防对后茬种植水稻有一定的药害。

5. 扑草净

小麦2～3叶期,杂草1～2叶期,用50％捕草净可湿性粉剂75～100克/亩,加水20千克左右,对杂草茎叶喷雾。温度超过30℃或小麦1叶期易发生药害。

6. 杀草丹

麦田禾本科杂草2叶期前每亩用50％杀草丹乳油250毫升左右加水25千克左右,喷施于杂草茎叶。麦田墒情好,防除效果显著。

七、麦田野燕麦的防除

1. 燕麦畏

在播种前用40％燕麦畏175～200毫升,对水后均匀喷洒土面;或拌细土、肥料均匀撒施。施药后浅耙地面,将药剂混入10厘米深的土层内,然后播种小麦。

苗期处理技术,在小麦3～4叶期(野燕麦2～3叶期)结合田间灌水,每亩使用40％燕麦畏200毫升与尿素15千克均匀撒施,施药后灌水。

2. 野燕枯

野燕麦在3～4叶期,用64％野燕枯乳油180毫升/亩,加水 30 千克均匀喷雾。气温在 20℃以上的晴天,麦田相对湿度 70%左右,除草效果最好。

3. 新燕灵

野燕麦拔节至孕穗初期均可使用。最佳施药期为野燕麦分蘖末期和第一节出现时期。用 20%新燕灵乳油 250～350 毫升/亩。若野燕麦密度大,可增加到 400 毫升/亩,加水 30 千克进行茎叶喷雾。对小麦安全。

4. 燕麦灵

小麦苗期,野燕麦 1 叶 1 心至 2 叶 1 心期,用 15%燕麦灵乳油 250～350 毫升/亩或 10%燕麦灵乳油 350～450 毫升/亩,加水 20～25 千克喷雾。

八、麦田一年生或多年生阔叶杂草的防除

1. 巨星

小麦 2 叶期至拔节期均可使用。以杂草生长旺盛期(3～4 叶期)施药防效最好。用 75%巨星干燥悬浮剂 0.9～1.4 克/亩,加水 30～40 千克,叶面均匀喷雾。调配该药时加入 0.25% 洗衣粉,混匀后喷雾,可增加药效;药后 10～14 天可看到对杂草的抑制作用,叶片褪绿变黄,小叶坏死,最后整株枯死。冬麦区药后 30 天为药效高峰期。

2. 2,4 - D 丁酯

此类除草剂是目前防除麦类作物田中除阔叶杂草使用最广泛的除草剂。2,4 - D 类除草剂防除麦田阔叶杂草,应在麦类作物 4 叶期前施药,对作物安全。如在 4 叶期后至开花期使用,除对麦类作物产生药害外,药液雾滴还会危害邻近已出苗的敏感作物。麦类作物抽穗、扬花时禁止使用。冬小麦用药适期为分

蘖末期至拔节期,阔叶杂草 3～5 叶期,用 72％的 2,4－D 丁酯乳油 40～50 毫升/亩,加水 30～40 千克均匀喷雾。晴天气温达 18℃以上喷药,有利于杂草对药剂的吸收,提高除草效果;若气温低,阴天光照不足,不仅药效差,而且容易引起药害。施药麦田要与棉花、豆类等阔叶作物间隔 500 米以上。

3. 麦草畏

能防除多种一年生和多年生阔叶杂草,如反枝苋、藜、卷茎蓼、大马蓼、扁蓄、鸭跖草、苍耳、黄花蒿、猪毛菜、刺儿菜、田旋花、小旋花、问荆、独行菜、麦瓶草、荠菜、播娘蒿、猪秧秧、繁缕、龙葵等。

麦草畏在麦类作物拔节开始后禁止使用,否则会产生药害,造成减产。气候不正常或病虫害严重时,一般不应使用麦草畏;大风时不应作业。豆类作物、棉花、果树、葡萄、薯类、向日葵、烟草和番茄等对麦草畏敏感。喷施麦草畏时,注意避免将药液雾滴触及邻近的敏感作物。麦田单用麦草畏杀草谱较窄,安全性较差,成本略高,一般每亩用 48％水剂 20～33 毫升,茎叶喷雾处理。冬小麦在 4 叶后至分蘖期可施药。加水 40 千克,茎叶喷雾处理,药后 24 小时阔叶杂草变成畸形,叶片卷曲,7 天左右变色,10～14 天全株死亡。晴天气温高时施药,药效快,防效高。拔节开始后禁止使用,否则会产生药害。

4. 苯达松

小麦田任何期都可使用。以 2～5 叶期施药最好。用 48％苯达松水利 130～180 毫升/亩,加水 30 千克,进行莲叶期喷雾处理。药后 10 天以上杂草开始死亡,晴天气温 18～20℃,土壤墒情好,除草效果好。

5. 阔叶枯

适用于防除小麦、大麦和燕麦田阔叶杂草,如反枝苋、野田芥、播娘蒿、蓼、地肤、藜、猪秧秧、繁缕、臭甘菊和猪毛菜等;11月中下旬小麦分蘖初期,杂草 2～4 叶期,或 3 月中旬前即小麦拔节前施药。用 45％阔叶枯可湿性粉剂 130～200 毫升/亩,加水 40 千克,均匀喷雾,施药不宜过早或过晚。

6. 溴苯腈

小麦 3～5 叶期,杂草 4 叶期以前,用 22.5％溴苯腈乳油 100～130 毫升/亩,加水 30 千克均匀喷雾。特别是对 2,4 - D 丁酯有抗性的杂草的防除效果显著。药后 24 小时后叶片褪绿坏死,气温高、光照强时效果更好。

7. 使它隆

冬小麦 2 叶期至拔节(6 叶期)前,用 20％使它隆乳油 30～50 毫升/亩,加水 30 千克均匀喷雾,可取得较好的效果。

8. 2 甲 4 氯钠盐＋麦草畏

在小麦 2 叶期至分蘖末期,用 20％2 甲 4 氯钠盐水剂 150 毫升/亩加 48％麦草畏水剂 20～30 毫升/亩,对水均匀喷雾,可以防除麦田多种恶性阔叶杂草。

9. 2 甲 4 氯钠盐＋使它隆

在小麦 2 叶期至分蘖末期,用 20％2 甲 4 氯钠盐水剂 150 毫升/亩加 20％使它隆乳油 25～35 毫升/亩,对水均匀喷雾,可以防除麦田多种恶性阔叶杂草。

九、禾本科杂草与阔叶杂草混生的杂草群落的防除

1. 绿麦隆＋杀草丹

在杂草 2 叶 1 心至 3 叶期用 50％杀草丹乳油 80～100 毫

升/亩加25%绿麦隆可湿性粉剂120～150克/亩,加水25千克,配成药液喷于茎叶。可以有效防除麦田多种禾本科和阔叶类杂草。

2. 2,4-D酯+野燕枯

在小麦苗期,野燕麦3～4叶期和其他阔叶杂草小苗期,可以用72%的2,4-D丁酯乳油50～70毫升/亩与64%野燕枯可湿粉100～150克/亩,加水配成药液喷施,能有效防除野燕麦和阔叶类杂草。施药时不能加入钠盐或含钾药剂,以免产生沉淀,影响除草效果。

3. 2,4-D丁酯+溴苯腈

在小麦2叶期至拔节期前,用72%的2,4-D丁酯乳油33～40毫升/亩,20%溴苯腈乳油80毫升/亩,加水20千克,配成药液喷雾,以喷雾法进行茎叶处理,可以有效防除多种阔叶类杂草。当气候过于干燥、潮湿或出现霜冻的情况下,不宜使用溴苯腈,以免产生药害和影响防除效果。药后6小时内下雨,必须进行重喷。溴苯腈不能与肥料混用,也不能添加助剂,否则会造成药害。

4. 2甲4氯钠盐+溴苯腈

在小麦2叶期至拔节期前,用56%2甲4氯钠盐原粉50～60克/亩加20%溴苯腈乳油100毫升/亩,加水20千克配成药液喷雾,以喷雾法进行茎叶处理。其他同2,4-D丁酯加溴苯腈。

5. 骠马+使它隆

在小麦苗期,12月上旬,看麦娘2～4叶期,也可在2月份,以6.9%骠马乳油40～60毫升/亩加20%使它隆乳油30～45毫升/亩,每亩对水30千克喷施,可以防除麦田多种禾本科杂草和阔叶杂草。

十、免耕麦田杂草的防除

1. 10％草甘膦水剂

草甘膦用于南方稻茬冬麦区免耕麦田,防治已出土的多种杂草。在小麦播种前 3～7 天,每亩用 10％草甘膦水剂 500 毫升,对水 15 千克,喷雾。施药时防止飘移。

2. 20％百草枯水剂

可用于南方稻茬冬麦区免耕麦田。防治已出土的各种一年生杂草。在小麦播种前 1～2 天,每亩用 20％百草枯水剂 200 毫升,对水 15 千克,喷雾。施药时防止飘移。

全国范围内麦田危害严重的杂草以麦蒿、荠菜、猪秧秧、播娘蒿、波斯婆婆纳、繁缕、米瓦罐等杂草为主。麦田除草剂品种较多,使用时期及方法不相同。冬小麦除草可于冬、春两次进行。冬季防治一般于 11 月中旬小麦 2 叶后,气温不低于 5℃时进行;春季于 3 月中旬,气温升到 5℃以上,小麦拔节前进行。经试验表明,冬季防治效果好于春季防治效果,传统的春季防治逐步向冬季防治发展。

推荐用 75％巨星干悬浮剂每亩 1 克、或用 40％快灭灵干悬浮剂每亩 2 克、或用 10％麦乐干悬浮剂每亩 10 克、或用 72％ 2,4－D 丁酯乳油每亩 50 毫升、或用 48％麦草畏水剂每亩 16 毫升、或用 20％ 2 甲 4 氯水剂每亩 150 毫升,对水 40 千克喷雾。以上药剂均为茎叶处理,每亩对水 40 千克均匀喷雾,使杂草充分接触药液,才能达到理想的防效。注意气温 5℃以下用药效果差,小麦拔节后用药不安全,2,4－D 丁酯必须使用专用喷雾器。同时针对小麦生长期不同可以采取不同的化学除草方法。

一般播种前施药可采用混土法，播后苗前采用喷雾施药。

第三节　水稻病虫害及预防

一、水稻立枯病

水稻立枯病是水稻旱育苗的主要病害，它影响水稻秧苗素质和水稻单产。必须采取以防为主，综合防治措施，预防水稻立枯病的发生和蔓延，提高秧苗素质，达到育壮苗的目的，以促进水稻单产的提高。

（一）病因分析

水稻立枯病从病因上可分为两种类型，一是真菌性立枯病，二是生理性立枯病，也称青枯病。

（1）真菌性立枯病是真菌危害引起的侵染性病害，由于种子或床土消毒不彻底，使床土或种子带菌，加之幼苗的生长环境不良和管理不当，致使秧苗生长不健壮，抗病力减弱，病毒趁虚侵入导致发病。

（2）生理性立枯病也称青枯病，是由不良的外界环境条件和管理措施不当，使幼苗茎叶徒长，根系发育不良，通风炼苗后水分生理失调，根系吸水满足不了叶片蒸腾需水的要求，使叶片严重失水，所造成的生理性病害。多发生在地势低洼，盐碱，地下水位高，土壤冷凉，播种量大，通风炼苗晚，高温徒长的苗床。

（二）发病条件

主要是床土过于黏重，播种过密，覆土过厚，床温过高易发生立枯病；青苗期间水分管理不当，通风不及时且持续低温后突然高温，昼夜温差变化大，易发生青枯病。

（三）症状分析

1. 真菌性立枯病

由于发病时期的不同可分为芽腐、基腐和黄枯3种类型。

（1）芽腐：稻苗出土前后就发病，芽根变褐，鞘叶上有褐斑或扭曲、腐烂。种子或根部有粉红色霉状物，在苗床上呈点、块分布。

（2）基腐：多发生在立针至2叶期，病苗心叶枯苗，茎基部变褐色，叶鞘有时有褐斑，根系变黄或变褐，茎的基部逐渐变成灰色、腐烂。用手提苗时茎与根脱离，易拔断，在苗床上呈不规则簇生。

（3）黄枯：病苗多发生在3叶期以前，叶片呈淡黄色，并有不规则的褐色斑点，病苗较健苗矮小，心叶卷曲，前期早晨叶尖无水珠，后期干枯死亡，在苗床上可成片发生。

2. 生理性立枯病

多发生在3叶以后，发病初期光合产物在叶片中积累，叶片发青，发病中期早晨叶尖无水珠，中午打卷，心叶卷筒状，早晚恢复正常，发病后期稻苗萎蔫死亡。用手提苗时可连根拔出，在苗床上成片或成床发病，危害严重。

（四）防治方法

（1）精选种子。选成熟度好，纯度净度高的种子，浸种前晒种，用50％福美双可湿性粉剂500倍液浸种3天。

（2）加强肥水管理，改良土壤结构。育苗时要选背风向阳、肥力中等、排灌方便、地势较高的平整田块，床土pH值在5.5左右，芽期保持畦面湿润，稳施基肥，提高磷钾比例，每平方米用移栽灵1～2毫升加水6千克左右浇床土。

（3）药剂防治。秧苗1叶心至2叶期用25％甲霜灵可湿性粉剂 800 倍液或 65％敌克松可湿性粉剂 700 倍液喷雾,在秧苗针叶期时喷施 42％立枯一次净,或 40％苗病清等防治。

二、水稻恶苗病

水稻恶苗病又称徒长病、公稻子,全国各稻区均有发生。病谷粒播后常不发芽或不能出土。苗期发病病苗比健苗细高、叶片叶鞘细长、叶色淡黄、根系发育不良、部分病苗在移栽前死亡。在枯死苗上有淡红或白色霉粉状物,即病原菌的分生孢子。湿度大时,枯死病株表面长满淡褐色或白色粉霉状物,后期生黑色小点即病菌囊壳。病轻的提早抽穗,穗形小而不实。抽穗期谷粒也可受害,严重的变褐,不能结实,颖壳夹缝处生淡红色霉,病轻不表现症状,但内部已有菌丝潜伏。

(一)传播途径和发病条件

带菌种子和病稻草是该病发生的初侵染源。浸种时带菌种子上的分生孢子污染无病种子而传染。

(二)防治方法

(1)建立无病留种田,选栽抗病品种,避免种植感染品种。

(2)加强栽培管理,催芽不宜过长,拔秧要尽可能避免损根。做到"五不插",即不插隔夜秧、不插老龄秧、不插深泥秧、不插烈日秧、不插冷水浸的秧。

(3)清除病残体,及时拔除病株并销毁,病稻草收获后作燃料或沤制堆肥。

(4)种子处理。用 25％施保克乳油 3 000 倍液、25％咪鲜胺乳油 2 500 倍液浸种 7～10 天,≥10℃积温达到 100℃,每天搅拌 2 次。

三、水稻纹枯病

水稻纹枯病又称"花秆"、"花脚秆"、"烂脚病"等是水稻重要病害之一。近年来由于水稻栽培方式的改变,以及施肥量的增加,水稻纹枯病的发生面积逐年增加。轻者影响谷粒灌浆,重者引起植株枯萎倒伏,不能抽穗,或抽穗不结实,严重田块减产可达五成以上。

（一）识别与发生

水稻纹枯病是一种高温、高湿性病害,从水稻苗期到抽穗期都会发病,以分蘖末期到抽穗期最为严重。发病初期先在近水面的叶鞘上发生椭圆形暗绿色的水浸状病斑,以后逐渐扩大成为云纹状,中部灰白色,潮湿时变成灰绿色。病斑由下向上扩展,逐渐增多。叶上病症与叶鞘病斑相似。穗颈受害变成湿润状青黑色,严重时全穗枯死。高温高湿时,病部的菌丝在表面集结成团,先为白色,以后变成黑褐色的菌核,成熟后容易脱落,掉入水中。病菌以菌核在土中越冬,第二年菌核随灌水漂浮在水面,附着于稻株上,在温度适宜时生出菌丝,侵入叶鞘,引起发病,然后病部生出的菌丝向稻株上部或邻近稻株蔓延。

（二）发病条件

（1）过度密植,过多或过迟追施氮肥,水稻徒长嫩绿,灌水过深,排水不良,造成通气透光差,田间湿度大,加速菌丝的生长和蔓延,都有利于发病。

（2）高温、高湿的环境下发病最盛,田间小气候在 $25 \sim 32$ ℃时,又遇连续阴雨,病势发展特别快。

（3）矮秆多穗型的品种因分蘖多,叶片密集,容易感病。

（三）纹枯病的施药时间

在 6 月下旬到 7 月上旬，发病初期和水稻孕穗开花期施药有较好的防治效果。

（四）防治措施

纹枯病的防治要以农业防治为基础，特别是注意肥水管理，对有严重发病趋势的田块要使用农药保护。

（1）减少菌源：稻田深耕，将病菌的菌核深埋土中，稻田整地灌水后，捞出浮渣（内有无数菌核），以减少发病来源。

（2）加强栽培管理：合理稀植，采取科学肥水管理措施，施足基肥，根据苗情适时追肥，增施磷钾肥，生长前期，浅水勤灌，中期适时搁田，后期干干湿湿，使水稻稳长不旺，后期不贪青、不倒伏，增强植株抗病力。

（3）药剂防治：可用 5％井冈霉素水剂或 16％纹病清 40～60 克/亩加水 60～80 千克喷雾。

四、水稻白叶枯病

水稻白叶枯病属细菌性病害，是我国水稻三大病害之一，该病从苗期到成熟、收获前均可发病，但以分蘖末期至抽穗灌浆期发病居多，水稻受害后，瘪谷增多，千粒重降低，一般减产 10％左右，重病田减产 50％～60％甚至绝收。

（一）病害症状

由于病菌多从稻株的自然孔口侵入，典型病斑多从叶尖或叶缘开始，初期产生黄色半透明小斑，后发展成波斑状的黄绿或灰绿色病斑，后沿叶脉扩展成条斑，可达整张叶片。病部与健部界线明显。数日后病斑转为灰白色，并向内卷曲。空气潮湿时，病部易见分泌的蜜黄色珠状菌脓。干燥后凝结成琥珀色鱼籽状。

（二）发病条件

水稻白叶枯病的发生流行与品种抗病性、气候条件、肥水管理等条件关系十分密切。

（1）水稻抗病性：不同品种间抗病性不同，同一品种在不同生育期抗病性也有差异，通常分蘖期较抗病，孕穗期至抽穗期最易感病。

（2）天气条件：阴雨天气有利于病菌的发生，7～8月间，阴雨日多，特别是暴雨有利于病菌的传播和侵入，更易引起病害的暴发和流行。

（3）栽培管理：氮肥施用量大，深水灌溉降低稻株的抗病力易诱发病害。

（三）防治方法

（1）选用抗病品种。

（2）种子消毒和处理病苗。用10％叶枯净2 000倍液浸种1～2天，田间病苗、稻草残体等应及时处理烧掉。

（3）培育无病秧苗。秧苗3叶期或移栽前各喷药1次。

（4）加强肥水管理。严防秧苗受涝，健全排灌系统，严防涝害，按叶色变化科学施肥、配方施肥，勿过量迟追施氮肥，使禾苗稳生稳长，壮而不过旺，绿而不贪青。

（5）药物防治。白叶枯病的关键是要早发现、早防治、封锁和铲除发病毒株和发病中心；大风暴雨后的发病田，受淹和生长嫩绿的稻田是防治重点；秧田3叶期或移栽前2～3天用药，或水稻分蘖期及孕穗期用药防治，每亩用45％代森铵水剂50毫升加水50千克发病初期喷雾。

五、水稻稻瘟病

稻瘟病又称稻热病,是世界性的重要稻病,在我国它同纹枯病、白叶枯病被列为水稻三大病害。水稻稻瘟病是一种通过气流传播的流行病。

(一)症状

稻瘟病在水稻整个生育阶段皆有发生,具有为害时间长,侵染部位多和症状多样等特点。按其为害时期和部位的不同可分为苗瘟、叶瘟、节瘟、穗颈瘟枝梗瘟和谷粒瘟。

(1)苗瘟:发生于秧苗 3 叶期前,主要由种子带菌引起。发病初期在芽和芽鞘上出现水渍状的斑点,苗基部接近土面部分变灰色并有青灰色霉层,小苗上部呈黄褐色卷缩枯死。

(2)叶瘟:发生于 3 叶期后的秧苗或成株叶片上,一般从分蘖至拔节期盛发,叶上病斑常因天气和品种抗病力的差异,在形状、大小、色泽上有所不同,可分为慢性型、急性型、白点型和褐点型 4 种,其中以前两点危害最重要。

(3)节瘟:发生于茎节上,黑色、病节干缩凹陷、易折断。潮湿时生灰色霉状物。

(4)穗颈瘟和枝梗瘟:病斑在穗颈和枝梗上发病。

在出穗 10 天左右表现症状,发生在穗颈、穗轴及枝梗上,最初在穗颈处产生褐色小点,逐渐扩大后病部成段变褐坏死,穗颈、穗轴易折断成白穗。群众称之为"吊颈瘟"。水稻始穗后,叶鞘松弛为稻瘟病菌的侵入创造了条件。一旦水稻穗颈感染了稻瘟病,轻者减产降质,重者颗粒无收,因此稻瘟病又有"水稻癌症"之称。穗颈瘟只能预防,如果得病后打药,只能预防以后的病,已得的病效果不大。

（二）防治方法

（1）种子处理：对稻种进行消毒。

（2）选用抗病品种：选用抗病品种是防治稻瘟病的经济有效措施，也是综合防治的关键措施。

（3）加强栽培管理，提高水稻抗病能力：施足基肥，合理施用氮、磷、钾肥，促使水稻植株健康生长，配合水分管理，创造不利于稻瘟病的发生流行的环境条件。

（4）抓住关键，适时喷药保护：稻瘟病化学防治必须确立"预防为主"的指导思想。苗叶瘟狠抓秧苗防治，如秧苗出现病斑，尤其是急性型病斑的出现，应开始防治。叶瘟应注意保护易感病品种水稻的分蘖盛期，及时掌握病情，当田间出现发病中心时，结合气候条件，采取适当的防治措施。预防穗颈瘟的方法是水稻个别开始出穗时打药（即破口期），打早或晚效果都不佳。有的年份 8 月中旬持续高温、高湿，打第一次药后隔 7 天左右再打 1 次。穗瘟防治还应注重保护抽穗期，如果孕穗期叶瘟发生普遍，并迅速上升，特别是剑叶出现急性型病斑增加或叶枕瘟发病率高，天气条件有利于病害流行时，应确定防治田块，抓好农药防治。另外，稻瘟病防治效果差的另一个原因是水量少，有些用户打药的药量够，但加水量少，结果防治效果极差，打药时要选择晴天、无露水时打，而且打完药必须保证 10 小时无雨。

（三）常用药剂

75％三环唑可湿性粉剂、40％稻瘟灵乳油、40％富士一号乳油，亩用药 100 克，加水 30 千克喷雾。

六、稻曲病

稻曲病是危害水稻穗部的重要病害，每年都有不同程度的发生。

（一）发生特点

稻曲病只在穗部发病，一般在水稻开花至乳熟期发病，受侵染的谷粒病菌在颖壳内生长，形成直径 1 厘米左右的稻曲代替米粒。

稻曲病菌在水稻分蘖到破口期均可侵染，但侵染的主要时期是孕穗至破口期，二次感染的可能性不大。气候条件是决定发病轻重的重要原因之一。气候条件包括温度、湿度与稻曲病的发生有密切关系。

（二）稻曲病的防治时期

主要防治时期应在水稻孕穗中期和齐穗期各施 1 次药，可达到 85％以上的防治效果。

（三）稻曲病的综防技术

（1）选用抗病品种。

（2）精选种子，用药剂消毒。50％甲基拖布津可湿性粉剂 500 倍浸种 24 小时。

（3）加强肥水管理。增施磷钾肥，防止晚施偏施氮肥，合理灌溉。

（4）药剂防治。水稻在抽穗期遇阴雨天气，孕穗后期或水稻破口中期各施药 1 次进行防治，每亩用 5％井冈霉素水剂 150 毫升加水 50 千克喷雾，破口前 7～10 天加大用量防治 1 次效果较好，施肥后保水 3～6 天，水深 3～6 厘米，施肥间隔期 14 天。5％络氨铜、20％癌曲克星、对稻曲病均有较高的防效。

七、麦套稻田杂草的防除

麦田套播稻是在未收割麦田免耕土壤上进行的一种超轻

型、简化高效的特殊栽培体系。它不仅省工节本,操作简便,减轻劳动强度,有效地淡化农时,充分开发利用光温等自然资源,而且能获得较高的产量,因而正日益受到人们的重视。

据调查,麦套稻田主要杂草与旱直播稻田杂草种类相似,如稗草、鳢肠、异型莎草等。但杂草的发生比旱直播稻田杂草的发生期早,稻草同生期长,种类更丰富,且草情更复杂,危害更为严重。由于播种后种子裸露,气温高,土壤保湿性能差,加之鼠害严重,使本已瘦弱的稻苗更加难以竞争生长。因此,生产上应立足于早防,加大鼠害防治力度,加强田管,重施基肥,促使壮苗早发、健壮生长,尽早实现以苗控草。同时仍应以化学防治为主,选择广谱、高效、长效的除草剂进行复配,以达到一次用药,有效控制水稻中前期杂草危害的目的。

八、水稻常用的几种新型除草剂

1. 扫弗特 30% 乳油

瑞士诺华公司生产的高效、安全的秧田除草剂,也是目前世界上水稻生产国家中使用最广泛的秧田除草剂。

①每亩用药量 75 毫升,可直接稀释后用喷雾器均匀喷在秧床上,也可拌成药土均匀撒于田面,以喷雾效果较佳。

②种子播种前必须先经浸种长根,播种后 1.5 天内施药。盖膜秧田可以操作一条龙,即时播种,即时施药,即时盖膜。

③施药时田间要有泥皮水,药后 5 天内保持田土湿润,保持沟内平洼水。

2. 拜田净

①拜田净可广泛应用于水育秧田、水直播田、抛秧田以及移栽田,并且在移栽当天即可用药而对水稻无任何不良影响。

②杀草谱广,对稗草、千金子、一年生莎草有特效。在推荐剂量下,拜田净对 2 叶期以前的稗草、千金子具有特效,且能有效控制异型莎草、碎米莎草、日照飘拂草、牛毛毡等杂草,并对早期鸭舌草、陌上菜、节节菜、丁香蓼、水苋菜、尖瓣花等阔叶草具很好的防效。

③活性高,用量低。拜田净在水稻田使用,只需 13.3～20 克/亩,即可有效防治杂草。

④拜田净在水稻田的使用量见表。

表　拜田净在水稻田的使用量

	直播田	移栽、抛秧田	秧田
用药剂量	13.3～20 克/亩	13.3～20 克/亩	13.3～20 克/亩
早稻	播后 8～10 天	抛后 7～9 天	播后 8～10 天
籼稻	播后 6～8 天	抛后 6～8 天	播后 6～8 天
晚稻	播后 4～10 天	抛后 5～7 天	播后 4～6 天

⑤注意事项:南方稻区具体施药时间应根据天气变化作适当调整,一般掌握在稗草 2 叶期以前;在水育秧田和水直播田,要求浸种催芽并整平土地播种,整地与播种间隔期不宜过长。施药时保持薄水层,施药后保持一定时期的充分湿润;避免加药后水稻幼苗(特别是立针期幼苗)淹没在水中;要求施药均匀,避免重复用药或漏施。

为达到一次性除草的目的,拜田净可与常用的农得时、莎多伏和金秋等现混现用,但由于各厂家的产品存在一定的差别,因此建议先进行少量混用试验以避免药害和混合后药物发生分解作用。

3. 28％标克可湿性粉剂

是一种新型稻田除草剂,对莎草科杂草和阔叶杂草具有很高的防除效果,对水上漂、三棱草、鸭舌草等恶性杂草有特效。使用适期长,从水稻移栽或抛秧 15 天后,直至分蘖末期均可使用。可用于土壤封闭,或茎叶喷雾处理。用于土壤封闭可在水稻栽秧或抛秧 15 天后,杂草未出前,每亩用 20～25 克拌在肥料中撒施,或与丁草胺一起施用。用于茎叶处理,可在杂草出齐后每亩用 20～25 克,对水 30 千克喷雾,为水稻田专用除草剂,适用于本田、抛秧田、直播田中后期除草,一次施药可防治水稻田整个生育期中的稗草、各种阔叶杂草以及一年生和多年生的莎草科杂草,是水稻田理想的除草剂。使用适期在稗草 2～3 叶期和阔叶草出齐时施药。使用方法为:每亩 50～60 克,对水 30 千克喷雾。施药时,田间应保持湿润,或在浅水层的状态下均匀喷雾。但田间水层不能太深,否则影响药效。

第四节　大豆病虫害及预防

一、大豆胞囊线虫病

（一）症状

在大豆整个生育期均可危害。主要危害根部,危害植株地上和地下部均可表现症状。

（1）苗期。当 2～3 片真叶形成后开始,由于根部受害,地上部表现叶片发黄,茎部也变淡黄色,生长缓慢以致枯死,从而可造成田间缺苗断垄。

（2）成株期。由于大豆根部受害,可在田间出现成片叶片变黄、矮小的植株,严重者则停止生长以致枯死,受害轻者虽能开花,但不结实或结实稀少。病株根部的根瘤显著减少,但须根增多,其上生很多白色细小的虫瘿（雌虫）。被害根部表皮龟裂,极易遭受其他真菌或细菌侵害而引起腐烂,使病株提早枯死。

（二）病原

病原属异皮科胞囊线虫属大豆胞囊线虫。

大豆胞囊线虫生活史包括卵、幼虫及成虫三个时期。线虫的卵蚕茧状或长圆形,一侧微弯。幼虫分四龄,一龄和二龄幼虫为线性,三龄幼虫雄虫仍为线性,雌虫腹部膨大成囊状,四龄幼虫形状与成虫相似,雌虫梨形,雄虫线性。雄虫成熟后进入土中生活。雌虫遇土中雄虫交配后,可产生 200～500 粒卵,部分卵粒成熟后排出体外,大部分卵粒仍留虫体内,后期雌虫形成褐色柠檬形胞囊。

线虫发育最适温度为 17～28℃,在此范围内,随温度的升高,完成一个世代所需的日数愈少。胞囊线虫对土壤湿度要求以 60%～80% 为最适,土壤含水量过高,容易导致线虫死亡。完全干燥的土壤也影响线虫的存活时间。

大豆胞囊线虫的寄主植物有 1 100 种,在栽培植物中除大豆外,重要寄主有赤小豆、某些菜豆品种和半野生大豆。而在豌豆、绿豆、蚕豆、豇豆、三叶草、苜蓿等作物及野豌豆等杂草上,线虫虽能侵入,但却不能在其中正常发育成熟。

（三）病害循环

大豆胞囊线虫因各地土温差异每年可发生 3～10 代。主要以胞囊在土壤中越冬,带有胞囊的土块也可混杂在种子中成为初侵染源。线虫在田间传播主要通过农机具和人畜携带含有线虫或胞囊的土壤,其次为排灌的流水和未经充分腐熟的肥料。种子中夹杂的胞囊可做远距离的传播,是病害传播至新区的主要途径。

幼虫分四龄,蜕皮 3 次后成为成虫。胞囊中的卵在春季气温变暖时开始孵化为一龄幼虫,长至二龄时冲破卵壳进入土壤,雌性幼虫从根冠附近侵入寄主根部,经皮层进入中柱,其唾液使原生木质部或附近组织形成愈合细胞,堵塞导管。线虫则以吻针插入愈合细胞吸收营养。经三龄、四龄期幼虫发育为成虫。其后雌虫随着卵的形成而肥大成柠檬状,后期体壁加厚,呈褐色越冬胞囊。在根中发育为四龄幼虫,不再取食,发育成的雌成虫重新进入土中自由生活,性成熟后与雄虫交尾。

（四）发病因素

土壤环境、耕作栽培、气候条件及品种抗性对胞囊线虫的发生和危害程度有明显的影响,在适于发病的情况下,线虫一旦进入,发展快、危害大,短期内可大量繁殖,造成严重损失。

1. 土壤性质

通气良好的沙土和土壤中,或干旱、瘠薄的土壤适于线虫生长发育。碱性土壤更适于线虫的生长和繁殖,当土中胞囊密度相同时,盐碱土和沙土地区较黑土地区危害严重。

2. 作物种类及品种

在存在线虫的土中种植寄主作物后,线虫数量迅速增加。而种一季非寄主作物后线虫数量急剧下降。如种线虫能侵染而不能繁殖的作物,则可促使线虫的卵孵化,但不能增加后期胞囊数量,比休闲或种植其他非寄主作物更有效,这类作物称为诱捕作物。

种植不同抗性的品种,对土中胞囊数量的消长也有明显影响。种植感病品种后胞囊数量迅速增加,种植高抗品种仅少量增加,种植免疫品种则降低。同时,大豆面积比例大,重茬、迎茬地多的地区往往病害严重。

3. 气象条件

土温和湿度影响线虫发育速度及存活时间。10℃以下线虫停止发育,17~28℃为发育适温,31℃以上幼虫开始衰退,35℃以上不能发育成成虫。适温范围内温度愈高线虫发育愈快。过于潮湿黏重的土壤,因氧气不足,线虫易死亡。凉爽湿润的条件下胞囊中的卵可以活 7~8 年,高湿淹水的土中胞囊很快失去活力。

(五)防治措施

大豆胞囊线虫病的防治应采取加强检疫保护无病区,在病区或发病田块以合理轮作和搞好栽培管理为重点,种植抗、耐病品种为基础,辅以药剂的综合防治策略。

1. 加强检疫

混杂在种子中的胞囊线虫是病害远距离传播的主要途径。因此对尚未发现胞囊线虫的大豆种植区,在引种时应避免从病区引种,必要时应搞好产地检疫,防止病害通过种子传入。

2. 合理轮作

实行轮作是较易推行和经济有效的防病措施。一般情况下,大豆和非寄主作物轮作 3~6 年,可显著降低胞囊数量。轮作制中加入一季大豆的抗病品种或诱捕作物,也可减少轮作年限提高防病效果。有条件的地区实行水旱轮作 2~3 年,可获得很理想的防病效果。

3. 抗病品种

我国各地栽培的大豆品种都属感病品种。但在品种资源中发现不少抗病材料,可作为抗源。美国曾几度选育出高抗当时优势小种的优良品种,在生产中发挥很大作用,如 1977 年推广的抗病品种 Forrest,估计 1975～1980 年挽回 4 亿美元损失。日本也选育出抗线虫的品种,已在生产中使用。

4. 药剂防治

目前杀线虫剂有三类:熏蒸剂、种衣剂和非熏蒸剂。大面积应用种衣剂,省时省事,防效明显。采用熏蒸剂,需在播种前 15 天以上沟施入土内 20 厘米处,覆土压平封闭,半月内不得翻动,此法虽防治效果高,但同时也伤害天敌。常用的熏蒸剂为棉隆,使用量为每公顷 73.5～87.0 千克,内吸治疗剂主要有 3%呋喃丹和 5%甲基异柳磷颗粒剂,3%呋喃丹使用量为 30～60 千克/平方米,5%甲基异柳磷颗粒剂使用量为 90 千克/平方米,于播种前深施在播种行的沟底,控制第一代线虫危害。

线虫在土中的垂直分布,以 5～10 厘米表土层数量最多,占 54.4%,地表 20 厘米内耕层中线虫占 94.2%,0～25 厘米土层占 94.4%。在调查线虫密度及药剂防治的深度时,均应以表层 20 厘米的土壤为对象。

二、大豆根腐病

(一)症状

大豆根腐病主要发生于幼苗期,成株后较抗病。病株根及茎基部形成褐色椭圆形、长条形或不规则形病斑,略凹陷。继而发展成环绕主根的大斑块,甚至危害侧根。病菌主要侵害皮层,很少进入维管束组织。病苗出土缓慢而弱,子叶褪绿,后期可坏死。病株后期根部变黑褐色、表皮腐烂,侧根、须根少或坏死病株矮小、发黄,下部叶提早脱落。除少数严重受病的幼苗外,病株不枯死,但病株结荚少、粒小,影响产量。

（二）病原

大豆根腐病系由多种土壤习居菌复合侵染引起，主要为尖孢镰刀菌、禾谷镰刀菌、燕麦镰刀菌、茄腐镰刀菌、终极腐霉菌和立枯丝核菌。

镰刀菌不同种形态略有不同，但均产生镰刀形的大型分生孢子和卵形或长圆形单胞的小型分生孢子。菌丝产生间生或顶生的厚垣孢子。腐霉菌菌丝无隔、纤细，在水中产生圆形游动孢子囊，在固体培养基上长期培养产生大量圆形卵孢子。立枯丝核菌菌丝直角分支，分支处缢缩，不产生孢子。菌丝生长后期产生菌核。

（三）发病规律

病菌可在土中多种植物的残体上繁殖，土壤是此病的主要初侵染源。镰刀菌以菌丝和厚垣孢子越冬，腐霉菌以卵孢子越冬，立枯丝核菌以菌丝和菌核越冬。带菌种子也可使幼苗出土前发病。

1. 土壤温度与湿度

大豆种子发芽与幼苗生长的适温为 20～25℃，春季低温易于发病。土壤潮湿的低洼地发病重，土壤长期干旱后连续降雨，寄主生长迅速，根和茎基部产生纵裂伤口，有利于病菌侵入，此后发病加重。

2. 土壤性状

质地疏松、透气良好的土壤发病轻，土质黏重、透气性差的土壤，如黑龙江东部的白浆土发病重，而沙壤土、黑土发病轻。土壤肥沃的地块较贫瘠地发病轻。

3. 播种期及深度

春季土温低的地区，播种过深过早，幼苗出土、生长缓慢，幼茎及根细弱,地下部分延长,易遭病菌侵染。

4. 品种及其他因素

据黑龙江省调查,100多个品种与品系中未发现一个免疫或高抗品种,仅黑河三号、红丰三号等早、中熟品种发病较轻。大豆胞囊线虫及其他线虫危害根部后,幼苗易感染根腐病。有些化学除草剂对豆苗有药害,或因施药方法和剂量不当产生药害,阻碍了幼苗的健康生长,也有利于发病。

(四)防治措施

引起大豆根腐病的病原多为土壤习居菌,寄生性弱。因此,本病的防治应重点搞好土壤环境条件,选用无病种子,提高播种质量,合理施药等综合措施。

1. 科学耕种

及时翻耕,平整细耙,减少田间积水,适时中耕培土,改善土壤通气状态,有利于植株根系发育,培育壮苗,增强植株抗病力。在春季气温低、土壤黏重的根腐病常发区,提高耕作水平为一项重要的防病措施。

2. 调整播期

应根据土壤温度回升情况决定播期,寒冷地区要避免早播。在保证墒情适合的前提下,播深尽可能不超过5厘米。

3. 选用健全种子

选用饱满、无伤的高质量种子播种,可减少幼苗出土前的侵染。

4. 种子处理

近年各地陆续研制出含多种杀虫剂和多种杀菌剂的大豆种衣剂,如黑龙江的35%多克福、50%大豆微复药肥1号和30%

咪多福等,田间防治效果均较好。

三、大豆食心虫

大豆食心虫,别名大豆蛀荚蛾、豆荚虫、小红虫,属于鳞翅目、小卷蛾科,是大豆重要害虫。在中国主要分布于东北、华北、西北和湖北、江苏、浙江、安徽、山东等地,以东北3省、河北、山东受害较重。该虫食性单一,仅为害大豆、野生大豆和苦参。大豆食心虫不仅造成大豆减产,而且降低大豆品质,一般年份虫食率10%～20%,严重年份达30%～40%,甚至高达80%。

(一)形态特征

成虫为小型蛾子,体长5～6毫米,体黄褐至暗褐色;前翅前缘有黑紫色短斜纹10条左右,外缘内侧中央银灰色,有3个纵列黑点,后翅色较淡;雌蛾前翅色较深,有翅缰3根,腹部末端较尖;雄蛾前翅色较淡,有翅缰1根,腹部末端较钝,有显著毛束。

卵扁椭圆形,初为乳白色,孵化前为橘黄色。

幼虫体长8～10毫米,初孵时乳黄色,老熟时变为橙红色;头部黄褐色,前胸硬皮板浅黄色,腹部第3～5节较粗大,以后渐细。

蛹长深褐色,长纺锤形,第2～7节背面前后缘有大小刺各1列,腹末呈平切状,有8～10根锯齿状尾刺。

大豆食心虫以幼虫蛀入豆荚咬食豆粒,幼虫孵化当天便蛀入豆荚为害,幼虫孵化后一般只在豆荚上爬行几个小时即从豆荚边缘的合缝处蛀荚为害,将豆粒咬成兔嘴状缺刻,同时在豆荚表面留有白色薄丝网。此白丝网可作为调查幼虫入荚数的依据。9月份大豆成熟前老熟幼虫开始脱荚入土越冬。

（二）防治方法

1. 农业防治

因地制宜选用无荚毛或荚毛弯曲、成熟期适中的抗虫品种可有效减轻大豆食心虫的危害；实行大面积轮作，距离其他大豆虫害严重地块越远受害越轻，超过 1 000～1 500 米，受害显著减轻；及时翻耙，提高越冬幼虫死亡率，减轻食心虫的危害；调整播期，适当提前播种，在成虫产卵盛期时大豆已接近成熟，不利于成虫在豆荚上产卵，可减少豆荚着卵量，降低虫食率，减轻危害。

2. 生物防治

在成虫产卵盛期释放赤眼蜂，放蜂量为 2 万～3 万头/亩。

3. 药剂防治

大豆食心虫幼虫孵化后，在豆荚上爬行的时间很短，要掌握幼虫入荚前药剂防治的准确时机。一般当豆荚上见卵，即是未入荚幼虫的药剂防治适期。可选用 2％阿维菌素 3 000 倍液＋25％天达灭幼脲 1 500 倍液、2.5％高效氯氟氰菊酯 1 500 倍液、90％晶体敌百虫 1 500 倍液或 48％乐斯本（毒死蜱）乳油 3 000倍液喷雾防治，或于大豆封垄后成虫发生盛期，每亩用80％敌敌畏乳油拌 100 克细土熏蒸防治成虫。

四、大豆田杂草的种类与危害

我国大豆田杂草有 70 余种，其中，发生普遍、危害较重的有 20 余种。常见的一年生禾本科杂草有马唐、牛筋草、稗、狗尾草、金狗尾草、千金子，一年生阔叶杂草有藜、苋、苍耳、龙葵、风花菜、铁苋菜、马齿苋、菟丝子，多年生杂草有刺儿菜、大刺儿菜、问荆、田旋花、芦苇等。据报道，当前，大豆草害面积达 52％～86％，中等以上危害面积达 28％～64％。大豆田一般由于杂草危害而使大豆减产达 15％左右。大豆田单、双子叶杂草混合发生，草相复杂，特别是多雨年份，杂草种类多，发生期长，杂草出苗不一致，造成大豆田杂草防除困难。

化学除草已经成为大豆田杂草治理的重要措施之一，它具有省工、省时、经济、高效等优点。然而，在生产中经常出现因除草剂使用不当而造成化学除草效果不好，甚至对大豆及其后茬作物产生不同程度的药害，严重影响了大豆生产的发展，给大豆种植者造成了巨大的经济损失。因而化学防除大豆田杂草显得十分重要。

1. 北方春大豆区

北方春大豆区主要包括东北三省、内蒙古自治区、陕西北部、山西中北部、河北北部、甘肃大部和整个新疆维吾尔自治区。耕作制度为一年一熟制，主要和玉米、高粱等轮作。大豆田杂草种类主要有稗草、藜、马齿苋、龙葵、苍耳、反枝苋、狗尾草、问荆、野黍、水棘针、大蓟、风花菜等。

2. 黄淮及长江流域夏大豆区

这一区域主要包括山东、河南、河北中南部、山西南部、陕西关中、淮河及秦岭以南整个长江流域。耕作制度为一年两熟或两年三熟制。大豆田杂草种类主要有马唐、稗草、牛筋草、狗尾草、铁苋菜、藜、马齿苋、龙葵、莎草、香附子、鸡眼草、白茅、狗芽根、小蓟、画眉草、小旋花、地锦、苍耳、苋菜、千金子、棒头草、酸模等。

3. 南方多作大豆区

南方多作大豆区主要包括江南各省的南部、广东、广西及云南南部。耕作制度为一年三熟或多熟制。大豆田杂草种类主要有马唐、千金子、稗草、碎米莎草、凹头苋、牛筋草等。

五、大豆田杂草的防除

1. 大豆播种前土壤处理

常用于大豆播种前土壤处理的除草剂主要有氟乐灵、灭草猛、豆乐、广灭灵、除草通等。

(1)48%氟乐灵乳油。氟乐灵是大豆田常用除草剂,杀草谱广。大豆播种前,每亩用48%氟乐灵乳油80～100毫升,加水后均匀喷雾于土表。氟乐灵易挥发和光解,施药后2小时内要及时混入5～7厘米深土中(耙深10厘米左右),最好是喷药、耙混1次完成。间隔5天后播种大豆,否则影响大豆出苗。若施药后要抢播,则要深施药浅播种,并适当增加播量。

(2)45%豆乐乳油。为大豆田广谱除草剂,可有效防除一年生禾本科杂草和阔叶杂草,对曼陀罗等耐药性强的难除杂草也有很好的防效。大豆播种前,每亩用45%豆乐乳油100～150毫升对水均匀喷雾,浅混土后即可播种。豆乐乳油也可在芽前施药。干旱条件下施药后浅混土,以利于药效的充分发挥。灭草猛、广灭灵、除草通在大豆播种前2～3天均匀喷施土壤表面,随后立即耙地拌土,深度以5厘米为宜,以免除草剂的药液挥发和光解,然后镇压播种。氟乐灵和灭草猛对一年生禾本科杂草有特效,广灭灵可以防除稗草、狗尾草及一些阔叶杂草,仅对后茬作物小麦可能会产生药害,应注意调整后茬作物。

2. 大豆播后苗前药剂处理

用于大豆播种后出苗前的常用除草剂种类主要有豆草畏、速收、豆磺隆、恶草灵、禾宝、拉索、都尔、扑草净、乙草胺、塞克津等。

(1)45%豆草畏乳油。为大豆田专用高效广谱除草剂,大豆播后出苗前,每亩用45%豆草畏乳油80毫升,对水后均匀喷雾地表,施药后不可中耕松土,以免破坏药膜层而影响除草效果。

(2)20%豆磺隆可溶性粉剂。为磺酰脲类超高效大豆田除草剂,大豆播后苗前,每亩用药1.5～3克,采取二次稀释后喷洒地表。也可用豆磺隆在大豆苗后(第一片复叶出现后)进行茎叶处理,用药量同前。

(3)50%禾宝乳油。每亩用50%禾宝乳油60～80毫升,加水均匀喷洒地表。土壤湿度大有利于药效的发挥,因此,在雨后或浇水后播种施药,可提高除草效果。

(4)50%速收可湿性粉剂。速收为新一代环状亚胺类特效选择性除草剂,对多种一年生阔叶杂草如藜、苋、苍耳、铁苋菜、龙葵、马齿苋及马唐、牛筋草、狗尾草等禾本科杂草有很好的防治效果。大豆播后苗前,每亩用药8～10克,加水喷雾地表。也可每亩用该剂4克,加50%乙草胺乳油或72%都尔乳油或48%拉索乳油100毫升或加5%普杀特水剂60毫升对水喷洒地表;可扩大杀草谱。

(5)25%恶草灵乳油。可有效防除多种一年生单、双子叶杂草,如稗草、马唐、狗尾草、千金子、藜、苋、龙葵、马齿苋、田旋花和莎草等。大豆播后苗前,每亩用25%恶草灵乳油75～100毫升,对水喷洒地表。

(6)5%普杀特水剂。为咪唑啉酮类新型高效除草剂,杀草谱很广,可防除大豆田多种一年生和多年生禾本科杂草及阔叶杂草。每亩用药100～120毫升,于大豆播后苗前喷洒地表;也可于大豆播前进行混土处理;也可每亩用药80～100毫升,于大豆苗后,禾本科杂草1～2叶期,株高5厘米以下时,加水进行茎叶喷雾,杂草较大时,可适当增加用药量。普杀特的田间持效较长,施药田块下茬或第二年可种麦类和豆类作物,但不宜种植油菜、棉花、茄子、高粱和水稻等敏感作物。

(7)50％乙草胺乳油。对多种一年生禾本科杂草有特效,并可兼治部分小粒种子的阔叶杂草。大豆播后苗前,每亩用该剂80～140毫升,对水均匀喷洒地表。

(8)48％拉索乳油。对多种一年生禾本科杂草和部分小粒种子的阔叶杂草有很好的防治效果。每亩用该剂200～300毫升,加水后在大豆播前或播后苗前进行土壤处理。由于拉索乳油不易挥发和光解,对大豆安全,播前施药可以不混土。拉索可以和赛克津等减量后混配使用,以扩大杀草谱,提高除草效果。其中,塞克津主要用于防治一年生阔叶杂草,百草清和草甘膦为内吸灭生性除草剂,可以兼治多种杂草,适宜在杂草出苗后大豆出苗前使用。

3. 大豆出苗后药剂处理

用于大豆出苗后的除草剂均为茎叶处理剂。一般要求在大豆长出1～3片复叶、杂草2～5叶期用药,草龄大则适当增加用量。施药时应选择在晴好天气的上午9点以后较好,有利于提高对杂草的防效。

(1)12％收乐通乳油。为广谱高效选择性茎叶处理剂,对一年生和多年生禾本科杂草和马唐、稗草、牛筋草、狗尾草、千金子、画眉草、狗牙根、白茅、芦苇等有良好的防治效果。药剂可很快被杂草茎叶吸收传导到生长点发挥杀草作用。施药2小时后降雨不影响除草效果。大豆播后或出苗后,于禾本科杂草2～4叶期,每亩用12％收乐通乳油30～40毫升,加水喷雾。阔叶杂草较多时,可与利收、苯达松、克阔乐等杀阔叶杂草除草剂减量混配喷施。

(2)8％高效盖草能。该剂杀草谱广,施药适期长,吸收传导快,可有效防治一年生和多年生禾本科杂草,而且对大豆安全。

在杂草出苗至生长盛期均可施药,以杂草 3～5 叶期施药效果最好。每亩用 25～30 毫升,对水 20～30 千克均匀喷雾。若大豆田禾本科杂草和阔叶杂草都发生较重,每亩可用 10.8%高效盖草能 20～25 毫升加 48%苯达松水剂 150～180 毫升,或加 24%克阔乐乳油 20～25 毫升,或加 21.4%杂草焚水剂 35～45 毫升,对水均匀喷雾。

(3)10%利收乳油。该药是具有良好速效性的接触杀型茎叶处理剂,对多种一年生阔叶杂草如藜、苋、龙葵、苍耳、铁苋菜、马齿苋等有很好的防效。于杂草 2～4 叶期,每亩用 10%利收乳油 20 毫升,加水 20～30 千克于晴天的上午均匀喷雾。若阔叶杂草与禾本科杂草均发生较重,每亩可用 10%利收乳油 20 毫升加 10.8%高效盖草能 25 毫升,或每亩用 10%利收乳油 20 毫升加 48%苯达松 80 毫升加 10.8%高效盖草能 20 毫升,或每亩用 10%利收乳油 20 毫升加 21.4%杂草焚 30 毫升加 15%精稳杀得乳油 40 毫升,对水均匀喷雾。

另外,在禾本科杂草严重发生的地块,也可在大豆苗后,禾本科杂草 3～5 叶期,每亩用 35%双草克乳油 50～70 毫升、或用 15%精稳杀得乳油 60～70 毫升、或用 5%精禾草克乳油 60 毫升、或用 7.5%威霸浓乳剂 40～50 毫升、或用 20%拿捕净乳油 80～100 毫升,加水 20～30 千克进行叶面喷雾。在阔叶杂草严重发生的地块,可在大豆苗后,阔叶杂草 2～4 叶期,每亩用 25%虎威水剂 50～60 毫升,或用 48%苯达松液剂 100～200 毫升,或用 24%克阔乐乳油 25～30 毫升,或用 24%杂草焚水剂 50 毫升,对水 30 千克均匀喷雾。

以上除草剂的混合使用均要求现配现用,不宜久置,混用时,应先用一半水溶解一种药剂,然后再加入另一半的水,溶解其他药剂,避免药剂的直接混合,以防产生不良反应或因高浓度的混剂滞留在喷雾器出药管处,喷雾时对大豆造成危害。

第五节 花生病虫害及预防

一、花生青枯病

(一)症状

花生青枯病为典型的维管束病害,从苗期至收获期均可发生,一般多在花生开花前后开始发病,但以盛花期发病最重。发病初期,首先看到病株地上部主茎顶梢第二片叶在中午表现失水萎蔫,早上延迟张开,午后提早闭合。白天呈现萎蔫,晚上和早晨可以恢复,数天后早、晚也不能恢复。病株叶片自上而下很快凋萎下垂,叶色暗淡,但仍呈青绿色,故称"青枯病",其后病株完全枯死。病株地下部首先从主根尖端开始变褐湿腐,根瘤呈墨绿色,以后向上扩展,最后全根腐烂。纵剖病株根或茎部,可见维管束变淡褐色至黑褐色。潮湿条件下,用手挤压切口处,可有污白色细菌黏液溢出。病株上荚果、果柄亦呈黑褐色、湿腐状。病株从发病到枯死一般需 7～20 天以上,少数达 20 天以上。

(二)病原

病原属薄壁菌门劳尔氏菌属茄劳尔氏菌。菌体短杆状,两端钝圆,单极生鞭毛 1～4 根,革兰氏染色呈阴性反应,无芽孢和荚膜,好气性。生长最适温度 28～33℃,最适为 pH 值 6.6。病原菌怕日晒,不耐干燥,病株暴晒 2 天,或水淹 2～5 天,病原菌可失去侵染致病能力。

该菌寄主范围很广,已发现可侵染 44 科近 300 种植物。常见的寄主植物有花生、烟草、番茄、茄、辣椒、马铃薯、甘薯、菜豆、芝麻、向日葵、姜、桑等。人工接种结果表明,病菌不侵染禾本科植物和红豆、绿豆、黑豆、黄豆等许多豆科植物,以及木薯、西瓜等。

(三)病害循环

花生青枯病是一种土传病害。病菌主要在病田土壤中越冬,并能存活 5～8 年,也可在病株残体、混有病残体的粪肥和以病株作饲料的牲畜粪便中越冬,成为翌年初侵染源。病菌在田间借助雨水、灌溉水传播,昆虫、人畜和农事活动等媒介也可传带病菌。病菌通常由根部伤口或自然孔口侵入,通过皮层组织进入维管束,在维管束内迅速繁殖蔓延,造成导管堵塞,并分泌毒素使植株失去传导水分及营养物质的能力,出现萎蔫和青枯症状。病菌还可从维管束向四周薄壁细胞组织扩展。深入皮层和髓部薄壁组织细胞间隙中,分泌果胶酶,消解中胶层,使组织崩解腐烂。腐烂组织上的病菌可借流水途径传播后进行再侵染。

(四)发病因素

花生青枯病发生轻重与耕作栽培、气候条件和品种抗病性等关系密切。

1. 耕作与栽培

一般连作田发病重,连作年限越长,发病越重。新种花生田和与非寄主作物的轮作田,特别是水旱轮作田发病轻。土壤肥沃、保水保肥能力强,沙壤土,富含有机质或增施草木灰、尿素、茶麸饼、塘泥等肥田的田块发病轻。反之,土壤瘠薄的粗沙土,保水保肥能力差的田块发病重。管理粗放、低洼积水的田块发病重。农事操作等造成根部伤口有利于病害发生。

2. 气象条件

青枯病喜高温多湿,当旬平均气温在 20℃ 以上,约 10 天即可发病。多雨病重,干旱病轻;久旱后多雨或久雨后突然转晴,或时晴时雨,病害往往发生严重。一般在花生生长季节,病害当年发生的轻重主要取决于雨水和土壤湿度。

3. 品种

花生品种间抗病性存在明显差异,一般蔓生型品种较直立型品种抗病;南方品种比北方品种抗病。播种后 30~40 天发病最重。

(五)防治措施

花生青枯病的防治应采用以合理轮作、种植抗病品种为主的综合防治策略。

1. 合理轮作

一般可与禾谷类等非寄主作物轮作。病株率达 10% 以上就应该实行轮作,轻病田实行 1~3 年轮作,重病田实行 4~5 年轮作。有条件的地方,可实行水旱轮作,轮作一年就有明显的防病效果。

2. 种植抗病品种

目前高产抗病的品种有鲁花 3 号、协抗青、抗青 11、中花 2 号、鄂花 5 号、桂油 28、粤油 79、粤油 200 和粤油 256 等。

3. 加强栽培管理

注意田园卫生,发病初期及早拔除病株,收获后清除田间病残体,集中深埋、烧毁或施入水田作基肥,不要用病残体堆肥或直接将混有病残体的堆肥施入花生田或轮作田,应高温发酵后再施用。合理施肥,增施磷、钾肥,促使植株生长健壮;也可施用石灰 450～1 500 千克/公顷,使土壤呈微碱性,以抑制病菌生长,减少发病。病地忌用大水漫灌,以免病原菌大面积传播扩散。

4. 药剂防治

发病初期可喷施 100～500 毫克/千克的农用链霉素,每隔 7～10 天喷 1 次,连续喷 3～4 次,或用 25% 敌枯双 37.5 千克/公顷,配成药土播种时盖种,或用 25% 敌枯双、14% 络氨铜或 10% 浸种灵灌根,均有一定的防病效果。

二、花生根腐病

(一)症状

花生根腐病俗名"鼠尾""烂根",在花生各生育期皆可发生。花生出苗前,可侵染刚萌发种子,造成烂种、烂芽;病菌侵染花生幼苗地下部,主根变褐色,植株矮小枯萎;成株期受害,开始表现暂时萎蔫,叶片失水褪绿、变黄,叶柄下垂。主根根颈部出现稍凹陷的长条形褐色病斑,根端呈湿腐状,皮层变褐腐烂易脱落,无侧根或极少,形似鼠尾,植株逐渐枯死。土壤湿度大时,近土面根茎部可长出不定根,病株一时不易枯死。病株地上部矮小,生长不良,叶片变黄,开花结果少,且多为秕果。病菌可侵染进入土内的果针和幼嫩荚果,果针受害后使荚果易脱落在土内。病菌和腐霉菌复合感染荚果,可使得荚果腐烂。湿度大时病部表面可见黄白色至淡红色霉层。

(二)病原

花生根腐病由半知菌亚门的镰刀菌侵染所引起,包括尖镰孢菌、茄类镰孢菌、粉红色镰孢菌、三隔镰刀菌和串珠镰孢菌 5 个菌种,病部的淡红色霉层主要是病菌的分生孢子梗及分生孢子,它们都可产生无性态的小型分生孢子、大型分生孢子和厚垣孢子。小型分生孢子卵圆形至椭圆形,无色透明,多数为单胞,偶尔有双胞。大型分生孢子镰刀形或纺锤形,稍弯,一般具 2～5 个分隔。厚垣孢子近球形,单生或串生。病菌生长最适温度为 26～30℃。病菌为土壤习居菌,在土中能存活数年,属维管束寄生菌,可堵塞导管和分泌毒素而使植株枯萎。

（三）发病规律

病菌为土壤习居菌,可以厚垣孢子在土壤中营腐生生活,并长期存活,病菌分生孢子或菌丝体亦可在病残体中越冬并成为主要初侵染来源,带菌的种仁、荚果及混有病残体的土杂肥也可成为病害的初侵染源。病菌主要借流水、施肥或农事操作等活动传播,调运带菌种子可使病害远距离传播。初侵接种体主要是厚垣孢子,再侵接种体为大、小型分生孢子。病菌能从寄主伤口或表皮直接侵入,在维管束内繁殖蔓延,扩展至全株,引起植株发病。

该病害是一种积年流行病害,病田连作年份越长,土壤中积累病原菌越多,发病越重;地势低洼,排水不良,土壤贫瘠地不利于根系生长发育,花生生长缓慢,植株矮小,可加重病情;过度密植,枝叶过于茂盛或杂草丛生,通风透气不良,利于发病;地下害虫和线虫多,易造成伤口,有利于病菌侵染,可加重病害;另外,持续低温阴雨或大雨骤晴或少雨干旱的不良天气发病也较重。

（四）防治方法

应采取耕作栽培防病为主、药剂防治为辅的综合防治措施。

（1）选用抗病品种。必须选优质、抗病能力强的品种,如桂花 17 号、22 号,粤油 22 号,鲁花 6 号、9 号,北京 5 号、6 号、9 号等。

(2)把好种子关。做好种子的收、选、晒、藏等项工作；播前翻晒种子，剔除变色、霉烂、破损的种子，精选粒大，饱满，颜色新鲜，无病虫害，胚根未萌发过的种子作为栽培用种。也可用种子重量 0.3％的 40％三唑酮、多菌灵可湿粉剂拌种，密封 24 小时后播种。

(3)土壤消毒。播种前每亩用 50 克绿亨 1 号对水 30 千克喷施土壤，消毒灭菌。

(4)合理轮作。因地制宜确定轮作方式、作物搭配和轮作年限。可与小麦、玉米等禾本科作物轮作，轻病田隔年轮作，重病田轮作 3～5 年。

(5)抓好以肥水为中心的栽培管理。花生长出 2～3 叶时应浇水，严禁在盛花期、雨前或久旱后猛灌水，午后不能小水浅灌，以免烫伤花生根部。大雨过后要及时做好田间排水工作。施足底肥，增施磷、钾肥，施用的厩肥要充分腐熟。田间发现病株应立即拔除，集中烧毁，再用石灰水淋洒病株穴，防治病害蔓延扩展。花生收获后，及时清除田间植株和病残体，集中烧毁或堆沤。

(6)药剂处理。发病初期，及时进行药剂喷雾或灌根，每隔 7 天喷 1 次，连续喷 2～3 次。药剂可选用 50％络氨铜可湿性粉剂 1 000 倍液，或用 50％根腐灵 300 倍液，或用 70％甲基硫菌灵可湿性粉剂 800 倍液，或用 10％双效灵水剂 300 倍液，或用 72.2％普力克水剂 500 倍液，或用 70％敌克松可湿性粉剂 1 000 倍液。

三、花生地下害虫

花生地下害虫主要有地老虎、蛴螬等。它们不仅危害期长，而且严重，常造成缺苗断垄，导致减产，是目前影响花生产量的主要害虫。地老虎的识别和防治参加前面小地老虎的防治。本节主要阐述蛴螬的识别及防治方法。

蛴螬是鞘翅目金龟甲科幼虫的总称,我国记载的蛴螬种类有 1 300 种,其中,分布最广,为害较重的种类主要有大黑鳃金龟、黯黑鳃金龟和铜绿丽金龟。

(一)形态特征及为害特点

大黑鳃金龟成虫体长 17～21 毫米,长椭圆形,体黑至黑褐色,具光泽;前胸背板宽,约为鞘翅长的 1/2;鞘翅表面各具 4 条纵肋,上密布刻点;前足胫外侧具 3 齿,内侧有 1 距;中后足胫节末段各有 2 根距;臀节外露,背板向腹下包卷,与肛腹板相会于腹面。卵出产时椭圆形,乳白略带黄绿色光泽;发育后期近圆球形,洁白有光泽。幼虫体长 35～45 毫米,头部黄褐至红褐色,具光泽,体乳白色,疏生刚毛;头部前顶毛每侧 3 根;肛门 3 裂,肛腹片后部无尖刺列,只具钩状刚毛群散乱排列,多为 70～80 根。蛹黄褐色至红褐色;尾节瘦长三角形,端部具 1 对尾角。北方地区 1～3 年发生 1 代,以成虫或幼虫越冬。

黯黑鳃金龟成虫体长黑色或黑褐色,无光泽。黯黑鳃金龟与大黑鳃金龟形态近似,但黯黑鲍金龟体无光泽,幼虫前顶刚毛每侧 1 根。每年 1 代,绝大部分以幼虫越冬,但也有以成虫越冬的,其比例各地不同。

铜绿丽金龟成虫体长 15～21 毫米,体背铜绿色有金属光泽,前胸背板及鞘翅侧缘黄褐色或褐色;有膜状缘的前胸背板前缘弧状内弯,侧、后缘弧形外弯,前角锐而后角钝,密布刻点;鞘翅黄铜绿色且纵隆脊略见,合缝隆较显;足黄褐色,胚、跗节深褐色,前足胫节外侧 2 齿、内侧 1 棘刺;初羽成虫前翅淡白,后渐变黄褐、青绿到铜绿具光。卵白色,初产时长椭圆形,后逐渐膨大近球形,卵壳光滑。幼虫体长 29～33 毫米,暗黄色头部近圆形,头部前顶毛排每侧各 8 根,后顶毛 10～14 根;腹部末端两节自背面观为泥褐色且带有微蓝色;臀腹面具刺毛列多由 13～14 根长锥刺组成,两列刺尖相交或相遇、其后端稍向外岔开,钩状毛分布在刺毛列周围;肛门孔横裂状。蛹略呈扁椭圆形,土黄色;腹部背面有 6 对发音器;雌蛹末节腹面平坦且 1 细小的飞鸟形皱纹,雄蛹末节腹面中央阳基呈乳头状。西北、东北和华东 2 年1 代,华中及江浙等地 1 年 1 代,以成虫或幼虫越冬。

（二）防治方法

蛴螬的防治应该采取播种期防治与生长期防治相结合,防治幼虫于防治成虫相结合的原则。

1. 农业防治

合理轮作,可实行水旱轮作或与玉米、谷子等禾本科作物轮作,种植花生要做到避免重茬迎茬;农家肥等有机肥腐熟深施,增施钙、镁肥促进花生健壮生长,提高抗虫能力;田边地头种植蓖麻,毒杀取食的金龟子成虫;春、秋翻耕土壤,实行冬灌,减轻蛴螬危害。

2. 物理防治

利用金龟甲趋光性特点,在成虫发生期,利用频振式杀虫灯诱杀成虫;在成虫发生盛期,将鲜榆枝用 40％氧化乐果或 90％晶体敌百虫浸泡 10 小时后,扎把傍晚插入花生田内,每亩 4～5把,诱杀成虫,2～3 天更换 1 次。

3. 药剂防治

播种前用种衣剂包衣种子或播种时用 50％辛硫磷乳油 500毫升加水 10～50 千克拌种 400～500 千克,夏季气温高,堆闷时间不可太长,以防止种子发热影响发芽。

使用 0.5％阿维菌素颗粒剂 5 千克/亩、3％辛硫磷颗粒剂

250 克/亩、15％乐斯本颗粒剂 1 千克/亩在播种时按穴点施,或拌细土撒施;或使用上述农药的乳油在花生开花前灌根或是播种前撒毒土的方法;或在蛴螬孵化盛期和低龄幼虫期用毒死蜱、辛硫磷等进行开沟穴施或喷淋灌根。

四、花生食叶害虫

花生害虫种类繁多,目前已知为害花生叶部的害虫有 90 余种,但造成较大经济损失的主要有花生蚜、棉红蜘蛛、棉铃虫、斜纹夜蛾等,特别是以蚜虫为重。

花生蚜,别名苜蓿蚜、豆蚜、槐蚜,属同翅目,蚜科,分布在全国各地,山东、河南、河北受害重。花生从出苗至收获,均可受蚜虫为害,但以初花期前后受害最为严重。蚜虫多集中在嫩茎、幼芽、顶端心叶,嫩叶背后和花蕾、花瓣、花萼管及果针上为害,受害严重的叶片卷曲、生长停滞,影响光合作用和开花结实,荚少果秕,甚至枯萎死亡,受害花生严重减产,造成严重经济损失。

(一)形态特征

花生蚜成虫可分为有翅胎生雌蚜和无翅胎生雌蚜。有翅胎生雌蚜体长 1.5～1.8 毫米,体黑色或黑绿色,有光泽;触角 6 节,暗褐色,第 3 节较长上有 5～7 个感觉圈,排列成行;翅基、翅痣、翅脉均为橙黄色;各足腿节、胫节端部及跗节暗黑色,余黄白色;腹管黑色,圆筒形,端部稍细,有覆瓦状花纹,长是尾片的 2 倍;尾片乳突黑色上翘,两侧各生 3 根刚毛。无翅胎生雌蚜体长 1.8～2 毫米,体黑色至紫黑色,具光泽;触角暗黄,各节端部黑色,第 3 节上无感觉圈;体上具薄蜡粉。

卵长椭圆形,初浅黄色,后变草绿色至黑色。

若蚜与成蚜相似,体小,灰紫色,体节明显,体上具薄蜡粉,是为害的主体。

（二）防治方法

1. 越冬防治

春季在蚜虫第 1 次迁飞前，结合沤肥，除杂草；在周边杂草上喷药、消灭越冬虫源。

2. 药剂防治

在有翅蚜向花生田迁移高峰后 2～3 天，喷洒 10％吡虫啉可湿性粉剂或 50％抗蚜威可湿性粉剂 2 500 倍液、50％辛硫磷乳油1 500倍液、80％敌敌畏乳油 1 000～1 500 倍液、70％灭蚜净可湿性粉剂 2 000 倍液、20％杀灭菊酯或 2.5％溴氰菊酯 3 000倍液。

五、花生田杂草的种类和危害

花生是主要油料作物，在油料作物中占有很重要的位置，我国大部分地区都种植花生。据统计，全国每年种植面积约 19 亿平方米，花生种植面积占油料种植面积的 27％左右。花生杂草种类多，但不同地区、不同气候、不同的耕种制度、不同的栽培条件，杂草的发生规律及危害特点各有差异。花生田因草害一般减产 5％～10％，严重的减产 15％～30％，有的甚至绝收。

花生田杂草种类较多，在华北地区主要是一年生晚害杂草，如马唐、牛筋草、铁苋菜、稗草、狗尾草、马齿苋和异型莎草等。一般 4～6 月出苗，6～7 月开花，8～9 月成熟，花生整个生育期均可受其危害，但盛期在 6 月中旬以后。其次是越年生杂草，如芥菜、藜、苋等，其越冬幼苗在 3～4 月出土，6～7 月开花，其危害时间主要在花生苗期。而多年生杂草如刺儿菜、白茅、问荆等，其越冬体在 4～9 月可随时萌发，只在部分地区造成一定危害。由于华北地区春秋季干旱，夏季高温多雨，花生田杂草集中发生在 6 月中旬至 7 月上旬,其间发生的杂草数量占花生全生育期杂草数量的 90％以上。

六、花生田杂草的防除策略

花生田杂草化学除草的关键时期是播种后到植株封行前。由于花生封行较迟,所以所选除草剂的田间持效期需 2 个月才能有效地控制杂草危害。若播前进行土壤处理,多选用氟乐灵或降草通,可防除马唐、牛筋草、稗草,狗尾草及藜、马齿苋等部分阔叶杂草,也可用灭草猛、地乐胺、草乃敌、扑草净等进行播前土壤处理。

花生播后苗前,以禾本科杂草为主的地块可选用乙草胺、都尔、拉索、除草通、地乐胺、毒草胺、广灭灵、大惠利、克草胺、绿麦隆、杀草丹等;以阔叶杂草为主,间生部分禾本科杂草的田块可选用速收、恶草灵、利谷隆、灭草猛、仙治、扑草净等。禾本科杂草和阔叶杂草发生都较宜的田块可选用禾宝。

花生出苗后,禾本科杂草发生严重的地块可使用收乐通、高效盖草能、精稳杀得、精禾草克、拿捕净、威霸、双草克、禾草灵等;阔叶杂草发生较重的田块可选用克阔乐、苯达松、杂草焚等;禾本科杂草和阔叶杂草发生都较重的地块可使用克草星。

同时根据当地主要杂草种类、耕作制度和气候条件等,选用除草谱、杀草活性和田间持效期不同、优缺点互补的两种除草剂混配使用,可达到一次施药防治所有杂草,获得较高产量和经济效益的目的。

七、花生田杂草的防除技术

1. 播前土壤处理

（1）氟乐灵。对马唐、牛筋草、稗草、狗尾草和千金子等一年生禾本科杂草有很好的防除效果,对藜、苋、马齿苋等阔叶杂草也有一定防效,田间持效期 3 个月以上。花生播种前每亩用 48%氟乐灵乳油 80～120 毫升,对水 40～50 千克,均匀喷洒土表,将药剂混入 3 厘米左右的土层中,过 5～7 天再播种花生。由于氟乐灵对苍耳、铁苋菜、野西瓜苗的防效差,为了兼治多种单、双子叶杂草,可在播种前与灭草丹、拉索、恶草灵、仙治、赛克津等除草剂混用。

(2)灭草猛。可防除一年生禾本科杂草及香附子、油莎草、马齿苋、铁苋菜等阔叶杂草,田间持效期 40～60 天。每亩用 70%灭草猛乳剂 180～250 毫升,对水 50 千克,喷洒后,应及时浅混土,然后播种花生。灭草猛可与氟乐灵、赛可津和杂草焚等混用或搭配使用。亦可于花生播种前,每亩用 48%氟乐灵乳油 60～80 毫升加 70%灭草猛乳剂 100～120 毫升,加水 50 千克,喷洒土表后马上浅耙,混土 3～5 厘米深,5～7 天后播种花生。

(3)扑草净。可防除一年生阔叶杂草和部分禾本科及莎草科杂草,田间持效期 40～70 天。每亩用 80%扑草净可湿性粉剂 50～70 克,对水喷洒地表,而后播种。也可用于花生播后芽前施药。

2. 播后苗前土壤处理

(1)禾宝。50%禾宝乳油是一种高效、广谱、安全的新型除草剂,可有效防除马唐、牛筋草、狗尾草、千金子、稗草、画眉草、早熟禾等一年生禾本科杂草和藜、苋、龙葵、马齿苋等一年生阔叶杂草,对莎草科杂草和某些多年生杂草有抑制作用。花生播后芽前,每亩用 50%禾宝乳油 60～80 毫升,对水 40～50 千克,均匀喷洒地表。土壤湿度大有利于该药药效的充分发挥,因此,雨后或浇水播种后施药可提高除草效果。

(2)速收。为高效选择性土壤处理除草剂,对多种一年生阔叶杂草如藜、苋、马齿苋、苍耳、龙葵、铁苋菜等和稗草、马唐、牛筋草、狗尾草等禾本科杂草防效较好。花生播后芽前，每亩用50％速收可湿性粉剂120～180克，对水50千克，喷洒土表。若每亩用50％速收可湿性粉剂60克加50％乙草胺乳油80～100毫升，或加72％都尔乳油100～120毫升，对水50千克均匀喷洒地表，可扩大杀草谱。

（3）乙草胺。可防除马唐、牛筋草、狗尾草、千金子、旱稗、画眉草等一年生禾本科杂草，对藜、苋、马齿苋等阔叶杂草也有一定的防效。每亩用50％乙草胺乳油100～150毫升，对水50千克，于花生播后杂草出土前均匀喷洒地表。

（4）恶草灵。对马唐、牛筋草、狗尾草、旱稗、藜、苋、马齿苋、龙葵、田旋花和香附子有很好的防治效果。每亩用25％恶草灵乳油75～100毫升，对水40～50千克，于花生播后芽前均匀喷洒土表。

（5）都尔。对一年生禾本科杂草有特效，对部分小粒种子的阔叶杂草有一定防除效果，对花生很安全。每亩用72％都尔乳油120～150毫升，对水40～50千克，于花生播后芽前喷洒土表。若天气较干燥，土壤湿度小，可适当加大对水量，施药后浅混土3～5厘米深，以提高除草效果。

（6）拉索。可有效防除花生田的多种一年生禾本科杂草和莎草科的碎米莎草、异型莎草等，对藜、苋、马齿苋、苍耳、龙葵、铁苋菜等杂草也有一定的防除效果。春播花生于播种后5～7天施药，夏播花生于播种后1～3天施药。每亩用48％拉索乳油150～250毫升，对水40～50千克均匀喷洒土表。

（7）除草通。对多种一年生禾本科杂草和某些阔叶杂草有较好的防效。每亩用33％除草通乳油150～250毫升，对水后于花生播后芽前喷洒地表。除草通对双子叶杂草的防效略差，在双子叶杂草发生较重的地块可与其他杀阔叶杂草的除草剂混配使用。

(8)除草醚。每亩用25%除草醚可湿性粉剂400～500克,对水50千克,于花生播后芽前喷洒地表。对多种一年生禾本科杂草有较好的防效。

近年来,花生地膜覆盖栽培面积不断扩大。由于地膜覆盖后增温保湿效果好,有利于土壤处理除草剂药效的充分发挥,因此用药量可比露地栽培花生田减少1/4～1/3。如果用除草剂药膜除草,播后覆膜时要注意药膜面朝下,四周封严。

3. 苗后茎叶喷雾

(1)收乐通。为广谱高效选择性茎叶处理剂,对一年生和多年生禾本科杂草如狗尾草、马唐、牛筋草、稗草、千金子、狗牙根、芦苇等有很好的防治效果。该药可很快被杂草吸收传导到生长点,发挥杀草作用,施药后2小时降雨不影响药效。在花生出苗后,禾本科杂草2～4叶期,每亩用12%收乐通乳油30～40毫升,对水30千克,于晴天的上午均匀喷雾。阔叶杂草较多时,可与杀阔叶杂草的除草剂混配使用。

(2)高效盖草能。用于防除一年生和多年生禾本科杂草。于花生2～4叶期,禾本科杂草2～5叶期,每亩用10.8%高效盖草能乳油20～30毫升,加水20～30千克,喷洒杂草茎叶,可防除一年生禾本科杂草。每亩用该除草剂30～35毫升,可防除狗牙根和白茅等多年生禾本科杂草。若每亩用10.8%高效盖草能20～25毫升加48%苯达松液剂100～120毫升,或加24%克阔乐乳油10～20毫升,或加45%阔叶枯乳油150毫升,对水30千克,于杂草2～4叶期喷雾,可有效防除多种一年生单、双子叶杂草。

(3)稳杀得。对禾本科杂草有特效。每亩用35%稳杀得乳油或 15％精稳杀得乳油 50～75 毫升,加水 30 千克,在杂草 2～4 叶期喷洒,可有效防除一年生禾本科杂草。若要防治狗牙根、白茅、芦苇和双穗雀稗等多年生禾本科杂草,用药量应加大到每亩 75～120 毫升。在阔叶杂草发生也较重的田块,每亩用 15％精稳杀得乳油 50 毫升加 48％苯达松液剂 100 毫升,或加 45％阔叶枯乳油 150 毫升,加水 30 千克。于杂草 2～4 叶期喷雾,可有效防治多种禾本科杂草和阔叶杂草。

(4)威霸。每亩用 6.9％威霸浓乳剂 40～60 毫升,加水 20～30 千克,于杂草 3～5 叶期喷洒,对一年生禾本科杂草有特效。

(5)苯达松。对多种阔叶杂草和莎草科杂草有特效,但对禾本科杂草无效。每亩用 48％苯达松液剂 150～200 毫升,对水 30 千克,于杂草 3～5 叶期喷雾。

(6)克阔乐。对多种阔叶杂草有较好的防效。每亩用 24％克阔乐乳油 60～100 毫升,对水 30 千克,于阔叶杂草株高 5 厘米前喷雾。

(7)克草星。为触杀和一定内吸传导作用的高效广谱花生田专用除草剂,对多种一年生禾本科杂草和阔叶杂草如马唐、牛筋草、稗草、狗尾草、千金子、画眉草、藜、马齿苋、龙葵、野西瓜苗以及一些难除杂草如苍耳等都有很好的防效,对多年生杂草如莎草、狗牙根、田旋花和牵牛花等有明显的抑制作用。于花生 2～3 片复叶期,杂草平均高度 5 厘米以下时,每亩用 6％克草星乳油 50～60 毫升,对水 20～30 千克,对杂草茎叶均匀喷雾,一次施药,保证花生整个生长季节不受杂草危害。

第六节　根据害虫的口器类型选择用药

一、害虫的习性

利用昆虫的趋性进行害虫的防治。趋性就是指昆虫对外界环境条件的刺激有趋近和背离的习性,如对光有趋光性;对化学物质有趋化性;对颜色有趋色性等。不同的昆虫有不同的习性,利用这些习性进行对害虫的防治是有效的,它可以减少农药的使用,减少环境的污染。趋化性:昆虫触角的主要功能是嗅觉、触觉和听觉,我们就可以利用触角的这些功能对害虫进行诱杀。假死性:有些鞘翅目的昆虫受到惊动后有假装死亡的习性,因此我们可以利用这一特点进行人工捕捉。群集性:很多鳞翅目的幼虫在其初孵期有群集在一起的习性,这正为集中消灭害虫创造了条件。总之害虫的习性很多,可以利用它的这些习性进行害虫的防治和益虫的利用。

二、杀虫剂的类型及作用机理

杀虫剂通过以下 3 个途径进入虫体。由口器消化道进入,如内吸剂、胃毒剂;由体壁或表皮进入,如触杀剂;由气门经气管进入,如油剂和熏蒸剂。药剂进入虫体内其作用机理可分为 6 类:神经毒剂、呼吸毒剂、消化毒剂、昆虫不育剂、生长调节剂和行为干扰剂。神经毒剂:杀虫剂绝大部分为神经毒剂,通过阻断神经传导至害虫死亡;呼吸毒剂:一类是物理作用引起昆虫窒息,一类是生理作用抑制了呼吸酶及氧化酶代谢,至害虫死亡;消化毒剂:破坏消化系统,导致昆虫生长发育受阻而死亡;昆虫不育剂:使昆虫不能产卵或产的卵不能孵化;生长调节剂:影响昆虫的正常生长发育，如使害虫提前脱皮或不能脱皮变态；行为干扰剂：昆虫行为主要表现为趋性、避害、进攻、自卫取食、生殖栖息，如拒食剂、忌避剂、拒产卵剂和引诱剂。

三、根据害虫的口器类型选择用药

昆虫的口器有：舐吸式、虹吸式、嚼吸式和刺吸式等，但最基本的类型是咀嚼式和刺吸式。咀嚼式口器的昆虫：取食植株固体，能咬食和啃食植物的各部分。它们造成的为害状是不同形状的缺刻，对这种口器的昆虫进行防治时就要选用胃毒剂。胃毒剂是农药的一个类型，这类农药喷洒到植物的表面，当害虫吃进肠胃后便起毒杀作用。因此，可以根据植物上的缺刻来判断是咀嚼式口器昆虫所致，此时就要选择胃毒剂来防治。刺吸式口器的昆虫：口器就像一个注射针头，取食植物的汁液。如蚜虫、白粉虱，这类害虫造成的危害就有很多种情况，如失绿、皱缩、卷曲、虫瘿、萎蔫等。对这类口器的害虫防治时就要选用内吸剂，内吸剂这类农药喷到植物体上后先被植物吸收到体内，随植物体液的流动遍及植物体内部，当害虫取食植物汁液时造成中毒死亡。可以根据植物的危害状来选择药剂才能收到良好的效果。

第五章　农药使用

农药对于防治农、林、牧业的病、虫、草、鼠害,保护植物生长,保护人民健康具有重要的作用。

第一节　农药的使用

一、对症下药

在充分了解农药性能和使用方法的基础上,根据防治病虫害种类,使用合适的农药类型或剂型。如扑虱灵对白粉虱若虫有特效,而对同类害虫蚜虫则无效;抗蚜威(劈蚜雾、灭定威)对桃蚜有特效,防治瓜蚜效果则差;甲霜灵(瑞毒霉)对各种蔬菜霜霉病、早疫病、晚疫病等高效,但不能防治白粉病。在防治保护地病虫害时,为降低湿度,可灵活选用烟雾剂或粉尘剂。在气温高的条件下,使用硫制剂防治瓜类蔬菜茶黄螨、白粉病,容易产生药害。

二、适期用药

根据病虫害的发生危害规律,严格掌握最佳防治时期,做到适时用药。如蔬菜播种或移栽前,应采取苗房、棚室施药消毒、土壤处理和药剂拌种等措施;当蚜虫、螨类点片发生,白粉虱低密度时采用局部施药。一般情况下,应于上午用药,夏天下午用药,浇水前用药。

三、运用适当浓度与药量

不同蔬菜种类、品种和生育阶段的耐药性常有差异,应根据农药毒性及病虫害的发生情况,结合气候、苗情,严格掌握用药量和配制浓度,防止蔬菜出现药害和伤害天敌,只要把病虫害控制在经济损害水平以下即可。如防治白粉病对于抗病品种或轻发生时只需粉锈宁每亩3～5克(有效成分),而对感病品种或重发生时则需每亩7～10克。另外,若运用隐蔽施药(如拌种)或高效喷雾(如低容量细雾滴喷雾)等施药技术,并且提倡不同类型、种类的农药合理交替和轮换使用,可提高药剂利用率,减少用药次数,防止病虫产生抗药性,从而降低用药量,减轻环境污染。

四、合理混配药剂

采用混合用药方法,达到一次施药控制多种病虫危害的目的,但农药混配要以保持原药有效成分或有增效作用,不产生剧毒并具有良好的物理性状为前提。一般各种中性农药之间可以混用,中性农药与酸性农药可以混用,酸性农药之间可以混用,碱性农药不能随便与其他农药(包括碱性农药)混用,微生物杀虫剂(如 Bt 乳剂)不能同杀菌剂及内吸性强的农药混用。

五、确保农药使用的安全间隔期

最后一次使用农药的日期距离蔬菜采收日期之间,应有一定的间隔天数,防止蔬菜产品中残留农药。通常做法是夏季至少为6～8天,春秋至少为8～11天,冬季则应在15天以上。

第二节 农药的选择

一、依据国家的有关规定选择农药

农药使用不当会带来严重的影响,给农药生产和社会造成危害。为此,国际上都非常重视农药使用的管理工作,我国农药管理和使用的相关部门也制定了一系列的法规来规范农药的使用,在选择农药品种时,必须遵守这些法规和《农药登记公告》。目前我国主要的农药法规有下列4种。

（一）《农药安全使用规定》

《农药安全使用规定》（以下称《规定》）是由农业部和卫生部于1982年颁布的一个农药使用法规,虽然时隔20多年,但至今仍然具有重要的指导意义,在购买和使用农药时,要了解该规定的要求,避免在相应的作物和范围内使用不符合要求的农药品种。《规定》将当时生产上应用的农药划分为3类:第一类为高残留农药和高毒农药,列入此类的农药品种有26个;第二类为中毒农药,列入此类的农药有42个品种（类）;第三类为低毒农药,列入此类的农药有27个品种。《规定》要求,所有使用的农药品种,凡已制定农药安全使用标准（即合理使用准则）的品种,均按标准的要求执行。尚未制定出标准的品种,则按《规定》执行。对第一类农药的使用做出了具体的限制:即高毒农药不得使用于果树、蔬菜、茶叶和中药材,不得用于防治卫生害虫和人、畜皮肤病;高残留农药不得使用于果树、蔬菜、茶叶、中药材、香料、饮料等作物。《规定》同时还对农药的购买、运输、保管、使用中的注意事项和防护等进行了规范。

（二）《农药合理使用准则》

《农药合理使用准则》（以下称《准则》）是由农业部负责制定，国家颁布的农药使用标准。它对每一种作物上使用的农药品种的使用量、使用次数、安全间隔期等做出了明确的规定；按照《准则》使用农药，可以保证收获后的农产品中农药的残留量不超标。在选择使用农药品种时，最好根据《准则》中的名单来决定何种作物选用什么农药。然而，尽管我国已经制定了 4 批农药合理使用准则，但由于作物品种和农药品种众多，制定的《准则》仍远不能适应生产的需要。

（三）《农药安全使用规范——总则》

《农药安全使用规范——总则》是由农业部于 1997 年颁布的农药使用标准。它根据农药使用特点，提出了农药在使用前、使用中和使用后 3 种情况的具体安全操作行为规范，不仅可以满足使用者选购和使用农药的需要，也使与农药使用有关的销售、运输、贮藏、中毒急救等方面的行为得以规范；可以保证农药使用全过程的规范化操作。

（四）《中华人民共和国农业部公告》

由农业部发布的有关农业管理的公告，如《中华人民共和国农业部公告第 199 号》公布了国家明令禁止使用的农药和在蔬菜、果树、茶叶、中草药材上不得使用和限制使用的农药。

（五）《农药登记公告》

《农药登记公告》是由农业部农药检定所发布的获得农药登记的所有农药品种的一个公告。每一种农药的生产厂家、商品名称、毒性、许可使用的范围和时间、许可使用的作物、使用剂量、使用时间和注意事项都在《公告》中列出。基本上涵盖了农药标签的主要内容，是选择使用农药时的重要参考资料。

二、根据防治对象选择农药

农药的品种很多,各种药剂的理化性质、生物活性、防治对象各不相同,某种农药只对某些甚至某种防治对象有效。因此,施药前应调查病、虫、草和其他有害生物发生情况,对不能识别和不能确定的,应查阅相关资料或咨询有关专家,明确防治对象并获得指导性防治意见后,根据防治对象选择合适的农药品种。

病、虫、草和其他有害生物单一发生时,应选择对防治对象专一性强的农药品种;混合发生时,应选择对防治对象有效的农药。在一个防治季节应选择不同作用机理的农药品种交替使用。

三、根据农作物和生态环境安全要求选择农药

选择对处理作物、周边作物和后茬作物安全的农药品种,选择对天敌和其他有益生物安全的农药品种,选择对生态环境安全的农药品种。

第三节　农药的购买

一、仔细阅读农药标签

农药的标签是农药使用的说明书,是购买和使用农药的最重要参考。通过对标签的阅读,可以了解农药的合法性和农药的使用方法、注意事项等。阅读标签时应注意如下几下几方面内容。

(1)产品的名称、含量及剂型。

①针对"一药多名"问题,2007 年 12 月 8 日,《中华人民共

和国农业部公告第 944 号》明文规定:自 2008 年 7 月 1 日起,农药生产企业生产的农药产品一律不得使用商品名称,而改用通用名称。因此,标签上的农药产品使用农药通用名称由 2 个或 2 个以上的农药通用名称简称词组成的名称。一个农药产品应只有一个产品名称。

②农药产品名称以醒目大字表示,并位于整个标签的显著位置。

③在标签的醒目位置标注了产品中含有各有效成分通用名称的全称及含量、相应的国际通用名称等。

④农药产品的有效成分含量通常采用质量百分数(%)表示,也可采用质量浓度(克/升)表示。特殊农药可用其特定的通用单位表示。

(2)产品的批准证(号)标签上注明该产品在我国取得的农药登记证号(或临时登记证号)、有效的农药生产许可证号或农药生产文件号,以及产品标准号。

(3)使用范围、剂量和使用方法。

①标签上按照登记批准的内容标注了产品的使用范围、剂量和使用方法。包括适用的作物、防治对象、使用时期、使用剂量和施药方法等。

②用于大田作物时,使用剂量采用每公顷(hm^2)、使用该产品总有效成分质量克(g)表示,或采用每公顷使用该产品的制剂量克(g)或毫升(ml)表示;用于树木等作物时,使用剂量可采用总有效成分量或制剂量的浓度值(毫克/千克、毫克/升)表示;种子处理剂的使用剂量采用农药与种子质量比表示。其他特殊使用的,使用剂量以农药登记批准的内容为准。为了用户使用的方便,在规定的使用剂量后,一般用括号注明亩田制剂量或稀释倍数。

③净含量。在标签的显著位置注明了产品在每个农药容器中的净含量，用国家法定计量单位克(g)千克(kg)、吨(t)或毫升(mL 或 ml)、升(L)、千升(kL)表示。

(4)产品质量保证期农药产品质量保证期一般用以下 3 种形式中的一种方式标明。

①生产日期(或批号)和质量保证期。如生产日期(批号)"2000－06－18"，表示 2000 年 6 月 18 日生产，注明"产品保证期为 2 年"。

②产品批号和有效日期。

③产品批号和失效日期。

④分装产品的标签上分别注明产品的生产日期和分装日期，其质量保证期执行生产企业规定的质量保证期。

(5)毒性标志在显著位置标明农药产品的毒性等级及其标志。农药毒性标志的标注应符合国家农药毒性分级标志及标识的有关规定。

(6)注意事项。

①标明该农药与那些物质不能混合使用。

②按照登记批准内容，注明该农药限用的条件(包括时间、天气、温度、光照、土壤、地下水位等)、作物和地区(或范围)。

③注明该农药已制定国家标准的安全间隔期，一季作物最多使用的次数等。

④注明使用该农药时需穿戴的防护用品、安全预防措施及注意事项等。

⑤注明施药器械的清洗方法、残剩药剂的处理方法等。

⑥注明该农药中毒急救措施，必要时注明对医生的建议等。

⑦注明该药国家规定的禁止使用的作物或范围等。

（7）贮存和运输方法。

①标签上注明了农药贮存条件的环境要求和注意事项等。

②注明了该农药安全运输、装卸的特殊要求和危险标志。

（8）生产者的名称和地址。

①标签上有生产企业的名称、详细地址、邮政编码、联系电话等，如是分装农药还要有分装企业名称、详细地址、邮政编码、联系电话等。

②进口产品有用中文注明的原产国名（或地区名）、生产者名称以及在我国的代理机构（或经销者）名称和详细地址、邮政编码、联系电话等。

（9）农药类别特征颜色标致带。不同类别的农药采用在标签底部加一条与底边平行的、不褪色的特征颜色标志带表示。除草剂用"除草剂"字样和绿色带表示，杀虫（螨、软体动物）剂用"杀虫剂"或"杀螨剂"、"杀软体动物剂"字样和红色带表示，杀菌（线虫）剂用"杀菌剂"或"杀线虫剂"字样和黑色带表示，植物生长调节剂用"植物生长调节剂"字样和深黄色带表示，杀鼠剂用"杀鼠剂"字样和蓝色带表示，杀虫/杀菌剂用"杀虫/杀菌剂"字样、红色和黑色带表示。

（10）其他内容标签上可以标注必要的其他内容。如对消费者有帮助的产品说明、有效期内商标、质量认证标志、名优标志、有关作物和防治对象图案等。但标签上不得出现未经登记批准的作物、防治对象的文字或图案等内容。

（11）标签的其他注意事项应当标注以下内容。

①产品使用需要明确安全间隔期的，应当标注使用安全间隔期及农作物每个生产周期的最多施用次数。

②对后茬作物生产有影响的，应当标注其影响以及后茬仅能种植的作物或后茬不能种植的作物、间隔时间。

③对农作物容易产生药害，或者对病虫容易产生抗性的，应当标明主要原因和预防方法。

④对有益生物(如蜜蜂、鸟、蚕、蚯蚓、天敌及鱼、水蚤等水生生物)和环境容易产生不利影响的，应当明确说明，并标注使用时的预防措施、施用器械的清洗要求、残剩药剂和废旧包装物的处理方法。

⑤已知与其他农药等物质不能混合使用的，应当标明。

⑥开启包装物时容易出现药剂撒漏或人身伤害的，应当标明正确的开启方法。

⑦施用时应当采取的安全防护措施。

⑧该农药国家规定的禁止使用的作物或范围等。

二、购买农药的技巧

(1)根据作物的病虫草害发生情况，确定农药的购买品种，对于自己不认识的病虫草，最好携带样本到农药零售店。

(2)仔细阅读标签，对照标签的 11 项基本要求进行辨别，最好查阅《农药登记公告》进行对照。

(3)选择可靠的销售商，一般生产资料系统、植保和技术推广系统以及厂家直销门市部的产品比较可靠，杀鼠剂和高毒农药的销售，在部分地区需要有专销许可证。

(4)选择熟悉的农药生产厂家的品种，新品种应该在当地通过试验，证明是可行的。

(5)对于大多数病虫害，不要总是购买同一种有效成分的药剂，应该轮换购买不同的品种。

(6)要求农药销售者提供农药的处方单，购买农药时应索要发票，使用时或使用后如发现为假劣农药，应该保留包装物；出现药害，应该保留现场或拍下照片，并及时向农药行政主管部门或法律、行政法规规定的有关部门反映，以便及时查处。

第四节 科学用药的措施

一、对症下药

各类农药的品种很多，特点不同，应针对要防治的对象，选择最适合的品种，防止误用，并尽可能选用对天敌杀伤作用小的品种。

二、适时施药

现在各地已对许多重要病、虫、草、鼠害制定了防治标准，即常说的防治指标。根据调查结果，达到防治指标的田块应该施药防治，没达到防治指标的不必施药。施药时间一般根据有害生物的发育期、作物生长进度和农药品种而定，还应考虑田间天敌状况，尽可能躲开天敌对农药敏感期施用。既不能单纯强调"治早、治小"，也不能错过有利时期。特别是除草剂，施用时既要看草情还要看"苗"情，例如芽前除草剂，绝不能在出草后用。

三、适量施药

任何种类农药均须按照推荐用量使用，不能任意增减。为了做到准确，应将施用面积量准，药量和水量称准，不能草率估计，以防造成作物药害或影响防治效果。

四、均匀施药

喷洒农药时必须使药剂均匀分布在作物或有害物表面，以保证取得好的防治效果。现在使用的大多数内吸性杀虫剂和杀菌剂，以向植株上部传导为主，称"向顶性传导作用"，很少向下传导的,因此要喷洒均匀。

五、合理轮换用药

多年实践证明,在一个地区长期连续使用单一品种农药,容易使有害生物产生抗药性,特别是一些菊酯类杀虫剂和内吸性杀菌剂,连续使用数年,防治效果即大幅度降低。轮换使用作用机制不同的品种,是延缓有害生物产生抗药性的有效方法之一。

六、合理混用

合理混用农药可以提高防治效果,延缓有害生物产生抗药性或兼治不同种类的有害生物,节省人力。混用的主要原则是:混用必须增效,不能增加对人、畜的毒性,有效成分之间不能发生化学变化,例如,遇碱分解的有机磷杀虫剂不能与碱性强的石硫合剂混用。要随用随配,不能贮存。

七、注意安全采收间隔期

各类农药在施用后分解速度不同,残留时间长的品种,不能在临近收获期使用。有关部门已经根据多种农药的残留试验结果,制定了《农药安全使用规范——总则》和《农药安全使用准则》,其中,规定了各种农药在不同作物上的"安全间隔期",即在收获前多长时间停止使用某种农药。

八、注意保护环境

施用农药须防止污染附近水源、土壤等,一旦造成污染,可能影响水产养殖或人、畜饮水等,而且难于治理。按照使用说明书正确施药,一般不会造成环境污染。

第五节 农药中毒的判断

一、农药中毒的含义

在接触农药的过程中,如果农药进入人体,超过了正常人的最大耐受量,使机体的正常生理功能失调,引起毒性危害和病理改变,出现一系列中毒的临床表现,就称为农药中毒。

二、农药毒性的分级

主要是依据对大鼠的急性经口和经皮肤性进行试验来分级的。依据我国现行的农药产品毒性分级标准,农药毒性分为剧毒、高毒、中等毒、低毒、微毒五级。

三、农药中毒的程度和种类

(1)根据农药品种、进入途径、进入量不同,有的农药中毒仅仅引起局部损害,有的可能影响整个机体,严重的甚至危及生命,一般可分为轻、中、重3种程度。

(2)农药中毒的表现,有的呈急性发作,有的呈慢性或蓄积性中毒,一般可分为急性和慢性中毒两类。

①急性中毒往往是指1次口服,吸入或经皮肤吸收了一定剂量的农药后,在短时间内发生中毒的症状。但有些急性中毒,并不立即发病,而要经过一定的潜伏期,才表现出来。

②慢性中毒主要指经常连续食用、吸入或接触较小量的农药(低于急性中毒的剂量),毒物进入机体后,逐渐出现中毒的症状。慢性中毒一般起病缓慢,病程较长,症状难于鉴别,大多没有特异的诊断指标。

四、农药中毒的原因、影响因素及途径

(一)农药中毒的原因

(1)在使用农药过程中发生的中毒叫生产性中毒,造成生产性中毒的主要原因如下。

①配药不小心,药液污染手部皮肤,又没有及时洗净;下风配药或施药,吸入农药过多。

②施药方法不正确,如人向前行左右喷药,打湿衣裤;几架药械同时喷药,未按梯形前行和下风侧先行,引起相互影响,造成污染。

③不注意个人保护,如不穿长袖衣,长裤、胶靴,赤足露背喷药;配药、拌种时不戴橡胶手套、防毒口罩和护镜等。

④喷雾器漏药,或在发生故障时徒手修理,甚至用嘴吹堵在喷头里的杂物,造成农药污染皮肤或经口腔进入人体内。

⑤连续喷药时间过长,经皮肤和呼吸道进入的药量过多,或在施药后不久在田内劳动。

⑥喷药后未洗手、洗脸就吃东西、喝水、吸烟等。

⑦施药人员不符合要求。

⑧在科研、生产、运输和销售过程中因意外事故或防护不严污染严重而发生中毒。

(2)在日常生活中接触农药而发生的中毒叫非生产性中毒,造成非生产性中毒的主要原因如下。

①乱用农药,如高毒农药灭虱、灭蚊、治癣或其他皮肤病等。

②保管不善,把农药与粮食混放,吃了被农药污染的粮食而中毒。

③用农药包装品装食物或用农药空瓶装油、装酒等。

④食用近期施药的瓜果、蔬菜。拌过农药的种子或农药毒

死的畜禽、鱼虾等。

⑤施药后田水泄漏或清洗药械污染了饮用水源。

⑥有意投毒或因寻短见服农药自杀等。

⑦意外接触农药中毒。

（二）影响农药中毒的相关因素

（1）农药品种及毒性农药的毒性越大，造成中毒的可能性就越大。

（2）气温越高，中毒人数越集中。有90％左右的中毒患者发生在气温30℃以上的7～8月份。

（3）农药剂型乳油发生中毒较多，粉剂中毒少见，颗粒剂、缓释剂较为安全。

（4）施药方式撒毒土、泼浇较为安全，喷雾发生中毒较多。经对施药人员小腿、手掌处农药污染量测定，证实了撒毒土为最少，泼浇为其10倍，喷雾为其150倍。

（三）农药进入人体引起中毒的途径

（1）经皮肤进入人体这类中毒是由于农药沾染皮肤进到人体内造成的。很多农药溶解在有机溶剂和脂肪中，如一些有机磷农药都可以通过皮肤进入人体内。特别是天热，气温高、皮肤汗水多，血液循环快，容易吸收。皮肤有损伤时，农药更易进入。大量出汗也能促进农药吸收。

（2）经呼吸道进入人体粉剂、熏蒸剂和容易挥发的农药，可以从鼻孔吸入引起中毒。喷雾时的细小雾滴，悬浮于空气中，也很易被吸入。在从呼吸道吸的空气中，要特别注意无臭、无味、无刺激性的药剂，这类药剂要比有特殊臭味和刺激性的药剂中毒的可能性大。因为它容易被人们所忽视，在不知不觉中大量吸入体内。

（3）经消化道进入人体各种化学农药都能从消化道进入人体而引起中毒。多见于误服农药或误食被农药污染的食物。经口中毒，农药剂量一般不大，不易彻底消除，所以中毒也好较严重，危险性也较大。

第六节 农药中毒的急救治疗

一、正确诊断农药中毒情况

农药中毒的诊断必须根据以下几点。

（1）中毒现场调查询问农药接触史，中毒者如清醒则要口述农药接触的过程、农药种类、接触方式，如误服、误用、不遵守操作规程等。如严重中毒不能自述者，则需通过周围人及家属了解中毒的过程和细节。

（2）临床表现结合各种农药中毒相应的临床表现，观察其发病时间、病情发展以及一些典型症状体征。

（3）鉴别诊断排除一些常易混淆的疾病，如施药季节常见的中暑、传染病、多发病。

（4）化验室资料有化验条件的地方，可以参考化验室检查资料，如患者的呕吐物，洗胃抽出物的物理性状以及排泄物和血液等生物材料方面的检查。

二、现场急救

（1）立即使患者脱离毒物，转移至空气新鲜处，松开衣领，使呼吸畅通，必要时吸氧和进行人工呼吸。

（2）皮肤和眼睛被污染后，要用大量清水冲洗。

（3）误服毒物后须饮水催吐（吞食腐蚀性毒物后不能催吐）。

(4)心脏停跳时进行胸外心脏按摩。患者有惊厥、昏迷、呼吸困难、呕吐等情况时,在护送去医院前,除检查、诊断外,应给予必要的处理,如取出假牙将舌引向前方,保持呼吸畅通,使仰卧,头后倾,以免吞入呕吐物,以及一些对症治疗的措施。

(5)处理其他问题。尽快给患者脱下被农药污染的衣服和鞋袜,然后把污物冲洗掉。在缺水的地方,必须将污物擦干净,再去医院治疗。

现场急救的目的是避免继续与毒物接触,维持病人生命,将重症病人转送到邻近的医院治疗。

三、中毒后的救治措施

(1)用微温的肥皂水或清水清洗被污染的皮肤、头发、指甲、耳、鼻等,眼部污染者可用小壶或注射器盛2%小苏打水、生理盐水或清水冲洗。

(2)对经口中毒者,要及时、彻底催吐、洗胃、导泻。但神志恍惚或明显抑制者不宜催吐。补液、利尿以排毒。

(3)呼吸衰竭者就地给以呼吸中枢兴奋剂,如可拉明、洛贝林等,同时给氧气吸入。

呼吸停止者应及时进行人工呼吸,首先考虑应用口对口人工呼吸,有条件准备气管插管,给以人工辅助呼吸。同时,可针刺人中、十宣、涌泉等穴,并给以呼吸兴奋剂。

对呼吸衰竭和呼吸停止者都要及时清除呼吸道分泌物,以保持呼吸道通畅。

(4)循环衰竭者如表现血压下降,可用升压静脉注射,如阿拉明、多巴胺等,并给以快速的液体补充。

(5)心脏功能不全时,可以给咖啡因等强心剂。心跳停止时用心前区叩击术和胸外心脏按压术,经呼吸道近心端静脉或心脏内直接注射新三联针(肾上腺素、阿托品各 1 毫克,利多卡因 50 毫克)。

(6)惊厥病人给以适当的镇静剂。

(7)解毒药的应用。为了促进毒物转变为无毒或毒性较小物质,或阻断毒作用的环节,凡有特效解毒药可用者,应及时正确地应用相应的解毒药物。如有机磷中毒则给以胆碱酯酶复能剂(如氯磷定或解磷定等)和阿托品等抗胆碱药。

四、对症治疗

根据医生的处置,服用或注射药物来消除中毒产生的症状。

第七节　残剩农药的处理

由于农药的管理、贮运、使用等方面的多种原因,废弃农药的数量相当大。尤其在"经济合作发展组织"(OECD)国家中更为严重。据 FAO 1995 年的一项调查结果表明,全世界废弃农药的量在 1992 年时已超过 100 000 吨,主要是在发展中国家问题最多;鉴于废弃农药对农药使用者和环境的安全性已构成严重威胁,FAO 于 1993 年组织了一项计划,全面探讨了关于处置废弃农药的方法和阻止废弃农药继续扩大积累的策略。1995 年下半年,FAO 颁布了关于阻止和处理废弃农药积累的准则 (1995,罗马)。虽然这份准则是根据计划调查结果和针对非洲和近东地区国家(有 65 个国家参加了该计划)的,但是其中所反映的处理方法和标准仍具有普遍指导意义,对我国也是如此。

这个准则中主要的处置对象是数量比较大的库存农药,这种情况在我国 20 世纪 80 年代以前曾经是一个大问题。尽管农药仓库采取"先进先出"的原则,仍然每年还会有相当数量的农药存在因贮存不良而失效、过期减效和失效的问题(此类问题是由国家主管供销的部门统一处理)。自从统一供销的渠道消失以后,废弃农药的问题便转变成为社会问题。一部分是属于农药生产厂家,即未能销出的积压农药的处理问题。一部分属于营销商如植物医院、庄稼医院以及其他各种形式的营销商,也有未能销出的农药的处置问题。另外一部分则是广大的农民用户,这一部分虽然每户经手的农药量很少,但是千家万户使用的农药加起来,也就成为一个很大的问题。这里主要讨论农民用户手中的废弃农药的处理问题。

一、废弃农药的来源

由于现在农药的采购和使用已成为农民一家一户的个体行为,对农民的农药使用技术往往不能提供及时、有效的服务,因此问题很多。主要的问题有以下几方面。

(1)原包装农药不能一次用完而残剩的农药。这种残剩农药,农民一般不愿把它废弃,但是在继续贮存的过程中,往往由于保管的方法和条件不好,会导致农药药效逐渐减退,或由于农药理化性质和剂型稳定性发生变化而导致失效和减效,实际上已变成应予以废弃的农药。

(2)已用完的农药包装容器中所残剩的农药。

(3)在农药喷施以后残剩在施药机具中的农药。在上述 3 种废弃农药中,影响最大的是后面两种,实际上这两部分废弃农药都是在未经安全处理的情况下被抛弃在环境中。国外的一个报告指出,残剩在各种包装容器中的农药约占农药原包装量的 $1\% \sim 2\%$。若以 1% 计,我国每年即有数千吨农药在未经安全处理的情况下随包装容器进入环境。喷药以后残剩在喷雾器械中的药液清洗后,清洗水中的农药量也很大,也全部倾倒在环境中。

这些风险的产生,根本原因在于农药使用者对于安全问题和环境问题不够重视。因此,没有积极采取必要的措施,或者即便有相应的措施,出于侥幸的心理或者因为缺乏必要的条件而不去认真创造条件付诸实施。

二、对废弃农药的决策

1996 年 FAO 推荐了一个关于农药废弃的决策系统(图)。根据这一决策系统,首先要对积压的农药进行清理分类:一部分经过鉴定可能证明为可以继续使用的,例如由于标签破损或失落而不能辨认的,由于包装材料破损但仍可加以分装后再使用的(但这种重新包装必须在专门技术人员指导下进行),或者当地不再需用但可以调往其他地区使用的农药;一部分已不适于喷施但可以用作土壤处理的;还有一部分是通过检查评估确定已无使用价值的农药而必须加以销毁处理的。

此类问题如果是发生在农药的营销部门,应当同有关农药的生产厂家进行联系后,决定采取哪一种处理办法。

我国当前农药的营销渠道相当混乱,对于那些非法的营销者,根本办法是必须通过法制的手段加以禁止。而对于商业物资系统、植保站系统的大量营销商店,则应当积极地以负责任的态度去对待和认识废弃农药的处置问题。对于他们来说,这套决策系统是很有参考价值的。

这里有必要再强调一点:生产厂的库存农药以及各营销部门、销售门市部的库存或货架农药是否属于可疑废弃农药,判断的依据有以下几方面。

(1)农药的库存时间是否已超过保质期或贮存期限。

(2)未超过保质期的农药是否已出现异常现象,如乳油是否

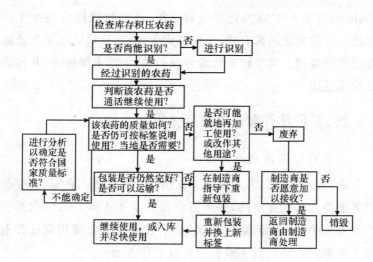

图　关于农药废弃的决策系统

有析出物,是否分层,悬浮剂是否已发生不可恢复的固块和分层现象,粉状药剂是否已发生结块,以及其他异常现象。

(3)包装容器是否有破损和泄漏。

(4)标签是否脱落或难以辨认。

(5)市场的需求情况。对于库存或货架农药必须每年进行一次清查(包括在特殊情况下的临时抽检)。必须把这项工作作为对环境和农药用户负责的一种规范化行为,不这样做,是违反FAO"农药销售和使用的国际行为准则"的,这项行为准则是FAO 成员国所必须遵守的,中国是 FAO 的重要成员国之一,因此,严格遵守这一行为准则是我国农业部门、农药生产厂家和农药营销和销售部门以及农药使用者所有有关人员的社会责任。

三、废弃农药的处理方法

大量废弃农药的处理方法,主要有旋转高温焚烧炉处理法、熔碱高温氧化分解法(900～1 000℃)、熔融金属高温分子裂解法(800~1 800℃)以及化学分解法等,还有垃圾堆放场挖土深埋法。这些方法虽都有效,但投资均很大,而且只适用于大量废弃农药的处理。对于较少量废弃农药,除了挖土深埋法,其他方法均不适用。

四、农户自贮农药的废弃处置

(一)自贮农药废弃的标准

农户自贮农药,大多数均无合格的专用农药贮存室、贮存柜或其他类似的贮存空间,保管方法也大多不正确,因此,农药在贮存过程中发生的问题比较多,对于农药的有效使用期往往有很大影响。这些问题主要表现为以下几方面。

(1)标签破损或失落。

(2)未用完的农药,包装已受到破坏,特别是纸质或塑料袋包装的固体制剂。开口后未用完的药已不能恢复原包装状态。袋口往往敞开或闭合不严,剩余农药容易受空气湿度的影响而变质。

(3)原包装瓶局部破损,虽然未发生农药泄漏,但农药的含量和组分会发生变化。因为瓶装液态药剂绝大部分都是以有机溶剂或水作为介质,在包装瓶出现破损的情况下就会很快挥发逸失,从而使制剂的固有理化性质和制剂的稳定性被破坏。

在上述任何一种情况下,该农药是否仍有继续使用的价值就很可疑了。除非经过当地原供销部门、技术指导部门(如植保站、植物医院、庄稼医院或农业院校、研究单位)的明确认证和正确指导,否则,必须列为"废弃农药"。

(二)小量废弃农药的处置方法

此类可疑废弃农药最好交给原生产厂家集中处置。在欧、美一些国家,在各地设立了化学废弃物处置中心,专门负责处理包括农药在内的各种化学废弃物。交给原生产厂家集中处置则便于工厂对此类废弃农药进行再加工,恢复其使用价值,而无须全部销毁。

这项工作需要一种体制和有关制度的保证。虽然我国现在还没有这样的体制和制度。但是鉴于我国的农药生产、销售和高度分散使用的状况,建立这样的制度势在必行,否则就很难根本解决这种废弃农药所带来的严重问题。

在尚未建立这种制度的情况下,可以采取挖坑深埋的办法来处置。但是,这项工作应由当地的农药供销部门或植保部门或环保部门经当地政府授权负责进行集中处置。为此,应通过农药供销部门广泛通告农药用户,把废弃农药统一交给负责废弃农药处理的部门进行集中处理。

挖坑的地点应在离生活区很远的地方而且地下水很深,降雨量小或能避雨远离各种水源的荒僻地带。根据废弃农药的种类和性质,坑内的埋填方式应有区别。

(1)非水溶性固态农药制剂包括粉剂、可湿性粉剂、悬浮剂、颗粒剂等,不含有水可溶性有毒成分的制剂,坑内可以不加任何铺垫物。坑深不浅于 1 米。废弃农药投入后,用工具把包装物捣碎后,填入土壤捣实,地面铺平。

(2)液态制剂及可溶性固态制剂除了悬浮剂以外的各种液态制剂和水可溶性固态制剂,进行挖坑深埋时,坑内必须加铺垫物,其组成是:底层为石灰层,其上方是锯木屑层,捣实后投入液态废弃农药,废弃农药的四周应留出 20～30 厘米空隙,以便再填入石灰。然后把废弃农药的包装瓶捣碎,再铺入一层石灰捣实,最后填入土壤,捣实铺平至地表。

锯木屑的使用是吸收药液,不使药液横溢到周围土层中。

水溶性固态农药制剂有可能吸收水分而溶解，扩散到土层中，因此，也必须采用同液态制剂同样方法铺垫深埋。

五、残剩农药的处置

残剩农药是指农药空包装容器中所残剩的或沾附在容器壁上的药剂，或农药喷施结束后，未喷净的剩余药液或药粉。农药包装容器如不加清洗，残剩药量可达农药原包装量的 1%～2%，工业化国家提出的清洗标准是把它降低到原包装药量的 0.01%，要达到这个标准，不采取强力有效的清洗措施是很困难的。有些国家如荷兰已制定法令，如果用户未能达到这一清洗标准，政府将责令农药生产厂家收回全部空包装容器加以妥善处置。该国还建立了特别检查小组，授权强制要求在农场内就地清洗干净。意大利政府责成地方当局收集废弃包装容器并采取有毒废弃物专用的处置方法集中处理。德国政府则强制要求农药生产厂商负责回收空容器，并明令禁止在田间和农场内焚毁。英国政府允许就地焚烧或深埋空容器（激素类的药物除外），但已经有人提出要求政府采取德国的办法，并把空容器统一交废物处置公司统一处理。

以上情况表明，农药空包装容器的处理已经提到很重要的地位，要解决好这个问题，在工业化国家还比较容易实现。但是在我国当前农业分散经营、农药生产和供销渠道混乱的情况下，如果没有强力的政府行为干预，是很困难的。在 20 世纪 80 年代以前，我国农业生产资料公司曾经有一个全国性的农药空包装瓶回收系统分布在各地，回收的包装瓶经过清洗后重新返回工厂做包装瓶用。这套系统对于解决我国农村的大量空农药包装瓶的二次污染问题曾经发挥了巨大的作用。

在当前的条件下，空包装容器的处置暂时可以采取挖坑深埋的方法。由于空容器中残剩量一般不会很大,因此,可以就地处理,但是必须遵循以下几项原则。

(1)空包装瓶中的残剩农药,应在最后一次配制喷洒药液时全部洗出。采取"少量多次"的办法,把清洗用水分成3～5份反复冲洗,冲洗液全部加入喷雾器中。清洗水的总用量,可根据瓶装农药的性质来估算。以500毫升包装瓶计,若原包装药黏度较小,残剩农药量可按5毫升计,若黏度较大,则按10毫升计,然后根据当时选定的配比量取水,取水后分为3～5份,分次冲洗。

(2)若包装材料是纸袋或塑料袋,则用废纸包裹起来,等待处理。

(3)挖坑深埋的办法,参照上文说明执行。但可以不铺锯木屑。空瓶和空包装袋投入坑内后,须捣碎。

废包装袋不可采取焚烧的办法处理。因为普通的焚烧即使是明火燃烧,也不可能达到彻底销毁农药的目的,并且焚烧过程中产生许多成分不明的有害物质会进入大气中。

参考文献

[1]邵明,王明祖,曾宪顺.食用菌病虫害防治手册.湖北:湖北科技出版社,2009.

[2]郑建秋.现代蔬菜病虫害防治手册.北京:中国农业出版社,2014.

[3]张舒,张求东,程建平.常用农药安全使用知识.北京:中国三峡出版社,2010.

[4]孔令强.农药经营使用知识手册.济南:山东科学技术出版社,2009.